Dr. med. vet. Susanne Hauswirth

Praxistaugliche TCM-Fertigrezepturen für Hund und Pferd

Mein besonderer Dank gilt meiner Freundin Ute Ochsenbauer, ohne die es dieses Buch nicht geben würde. Denn sie brachte mich vor zwei Jahren auf den Gedanken, das umfangreiche Wissen, das in den Unterrichtsskripten für meine Seminarschüler steckt, für einen viel größeren Kreis an Interessierten zugänglich zu machen.

Inhaltsverzeichnis

Inhaltsverzeichnis

Vorwort

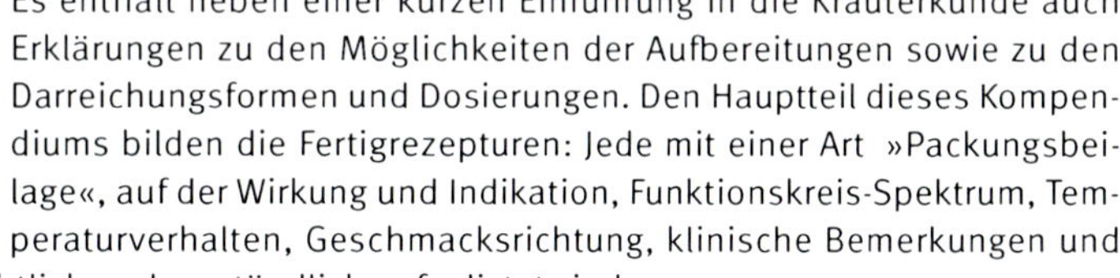

Dieses Kompendium soll dem TCM-Therapeuten ein schnelles Nachschlagewerk für Fertigrezepturen sein, die Ute Ochsenbauer und ich in den Büchern »TCM – Traditionelle Chinesische Medizin für Pferde« und »TCM – Traditionelle Chinesische Medizin für Hunde« (Kosmos Verlag) besprochen haben.

Es enthält neben einer kurzen Einführung in die Kräuterkunde auch Erklärungen zu den Möglichkeiten der Aufbereitungen sowie zu den Darreichungsformen und Dosierungen. Den Hauptteil dieses Kompendiums bilden die Fertigrezepturen: Jede mit einer Art »Packungsbeilage«, auf der Wirkung und Indikation, Funktionskreis-Spektrum, Temperaturverhalten, Geschmacksrichtung, klinische Bemerkungen und Kontraindikationen übersichtlich und verständlich aufgelistet sind.

An dieser Stelle möchte ich Ihnen noch unser Therapie- und Seminarzentrum für Tiertherapeuten vorstellen. Es befasst sich schwerpunktmässig mit der TCM-Ausbildung an Tieren (Akupunktur und Phytotherapie), arbeitet darüber hinaus aber auch mit vielen anderen Behandlungsmethoden, darunter Dietätik, Kinesiologie, Craniosakrale Therapie. Wir bieten ständig Kurse und Weiterbildung zu den unterschiedlichsten Themen an. Haben wir Sie neugierig gemacht? Dann besuchen Sie uns doch mal unter www.susannehauswirth.de.

Wir freuen uns auf Sie und wünschen Ihnen ein erfolgreiches Arbeiten zum Wohle unserer Tiere.

Dr. med. vet. Susanne Hauswirth
Börm, im Mai 2011

Wichtiger Hinweis für den Benutzer:

Das Kompendium wurde nach bestem Wissen und Gewissen zusammengestellt. Die Autorin und der Verlag schließen jede Haftung zum Einsatz und Gebrauch der Fertigrezepturen aus.

Mit der Akupunktur können Störungen im Meridiansystem sowie Qi- und Yang-Störungen meist gut beeinflusst werden. Hingegen verlangen Yin-Leere und Blut-Leere (wenn man sie überhaupt mit Akupunktur behandeln möchte) meist eine intensive, langwierige Therapie. Schneller kommt man in diesen Fällen mit Dietätik und Arzneien zum Ziel.

Die chinesischen Arzneien haben auch gegenüber europäischen Kräutern einige Vorzüge:

1. Zu jeder Arznei gibt es eine detaillierte, genormte Beschreibung.
2. Seit 770 v.Z. gibt es eine schriftliche Dokumentation der Wirkungen.
3. Es gibt umfangreiche moderne Forschungen zu chinesischen Heilkräutern (aus den USA, Australien, Japan, Korea, Russland und natürlich China).
4. Von jeder Arznei sind Wechselwirkungen im Sinne der Verstärkung und Abschwächung sowie Kombinationen mit anderen Arzneien beschrieben.
5. Die chinesischen Arzneien ändern oft Körperfunktionen dauerhaft, auch nach dem Absetzen. Während westliche Pharmaka häufig nur einen bestimmten Stoffwechselschritt beeinflussen, verändern sie ganze Stoffwechselwege. Dieses Umstellen dauert bei chronischen Krankheiten ca. ½ - ¾ Jahr.

ANWENDUNG, DOSIERUNG UND ZUBEREITUNG DER ARZNEIKRÄUTER

TANG – DEKOKT:

Die Bestandteile einer Rezeptur werden nach Einweichen über längere Zeit mehrmals abgekocht und abgeseiht. Das daraus entstandene Dekokt ist schnell wirksam; Dosis und Zusammensetzung können einfach variiert werden. Für manche Patienten zu zeitaufwendig.

Arbeitsanweisung:
Bitte vorher mind. 2 Std. oder besser noch über Nacht einweichen. Eine Tüte der grob gemahlenen Arzneikräuter in einen emaillierten Topf oder Edelstahl-rostfrei-Topf geben und mit Wasser bedecken. Nach dem Einweichen evt. nochmals etwas Flüssigkeit hinzufügen, so dass die Kräuter einen Fingerbreit bedeckt sind:

1. Zuerst 30 Minuten ohne Deckel köcheln lassen, dann die Flüssigkeit abschütten und in ein anderes Gefäß geben. Es sollte etwa eine Teetasse voll Flüssigkeit ergeben. Am besten mit einem Baumwolltuch oder feinem Sieb abfiltern.
2. Dann etwas weniger Wasser in den Topf mit den Arzneikräutern geben. Die Kochzeit sollte ca. 40 min. betragen. Danach wieder die Flüssigkeit abschütten und zur ersten Tasse hinzugeben.
3. Ein drittes Mal Wasser in den Topf mit den Kräutern geben und nochmals ca. 40 Minuten kochen lassen und filtern. Danach dritte Kochflüssigkeit zu den ersten beiden hinzugeben und wenn gewünscht (zur wirtschaftlicheren Ausnutzung), das Pulver auswringen oder ausdrücken, um die verbleibende Flüssigkeit herauszupressen.

Die Gesamtflüssigkeit aus den drei Abkochungen sollte ca. 3 Tassen ergeben und wird auch in 3 Portionen geteilt. *Zwei Portionen ergeben die Menge eines Tages*. Der dritte Teil der Flüssigkeit kann 1-3 Tage im Kühlschrank aufbewahrt werden, sollte aber vor dem Trinken auf Körpertemperatur erwärmt werden. Eine Tüte ergibt also 3 Tassen, genügt somit für 1,5 Tage. Sie können auch zugleich 2-3 Tüten auf einmal kochen und den Vorrat für 3-4,5 Tage in den Kühlschrank stellen.

Eine Tasse wird jeweils morgens und abends übers Futter gegeben. In der Thermoskanne kann das Dekokt aufgrund der höheren Temperatur nur ca. 12 Std. aufbewahrt werden.

Dosierung: Die Rezepte sind für Dekokte geschrieben. Man rechnet 80-120 g/Tag an Gesamtmenge für einen 80-kg-Menschen, ebenso für ein Pferd. Kleintiere entsprechend weniger.

Bei Katzen liegt die Tagesdosierung etwa bei einer Messerspitze voll.

San – Pulver

Die Inhaltsstoffe der Rezeptur werden fein zermahlen und direkt mit etwas Flüssigkeit, nach kurzem Aufkochen oder in Form von Kapseln, übers Futter gegeben; auch äußere Anwendung bei z.B. Hautproblemen ist bekannt. Lange Haltbarkeit, einfache Anwendung. Sie wirken langsamer und sanfter als Dekokte, weil sie nur allmählich aufgenommen werden. Dafür ist ihre Wirkung intensiver und anhaltender.

Wan – Pille

Fein gemahlene Inhaltsstoffe einer Rezeptur werden mit einem Bindemittel (meist Honig) zu Pillen geformt; langfristige Anwendung, v.a. bei chronischen Erkrankungen oder in akuten Situationen. Die Pillen sind im Durchmesser bis zu 2 cm groß. Sie sind von einer Wachshülle umgeben, teilweise muss man sie wie ein Überraschungsei auspacken, bevor man sie zerkauen bzw. mit dem Futter aufnehmen lässt.

Yao Jiu – Medizinischer Wein

Alkoholische Arzneiextrakte, für innerliche oder äußerliche Anwendung. Alkohol bewegt Blut und wirkt gegen Stagnation; gut bei Schmerzen, Rheuma, Traumen. Kann auch übers Futter gegossen werden. Viele Tiere lehnen Alkohol ab – hier bietet sich ein Teesud eher an.

Chong Fu – Granulat

Aus industriell gefertigten Dekokten werden Granulate hergestellt, im Westen häufig angewandt; stark wirksam, einfache Handhabung. Die Arzneimittel werden dazu in einem speziellen Verfahren verarbeitet, das im Wesentlichen die Extraktion der Ingredenzien, die Rückführung der flüchtigen essentiellen Öle, eine Niedertemperatur-Vakuumextraktion, die Konzentration sowie die Vakuumtrocknung und Sprühgranulierung beinhaltet. Die Herstellung der Granulate verlangt das Aufsprühen des Konzentrates auf eine Trägersubstanz, wozu meist die pflanzeneigene Stärke verwendet wird.

Mit dem beiliegenden Messlöffel (der Apotheke) wird die angegebene Menge Pulver entnommen und mit heißem Wasser aufgegossen. Die Granulate lösen sich wie Nescafé. Nach dem Umrühren ca. 2-3 Minuten ziehen lassen und dann schluckweise trinken bzw. beim Pferd über Müsli oder Mash gießen.

Es gilt die Faustregel: kg Körpergewicht Pferd / 100 x 2. Beispiel: für ein 500-kg-Pferd ergibt sich dann eine zweimalige Verabreichung von 5 g pro Tag. Es zeigt sich jedoch, dass die individuell wirksame Dosis schon bei 1g anfangen kann. Deshalb empfiehlt es sich, einzuschleichen, d.h. mit der kleinsten effektiven Dosis anzufangen und diese mehrere Tage beizubehalten. Tritt kein Effekt ein, Dosis steigern, bis eine Wirkung eintritt oder man auf der berechneten Gesamttagesdosis angekommen ist.

Hydrophile Konzentrate = Wässrige Extrakte = H.C.

Die angegebene Menge an Tropfen wird entweder pur, also direkt ins Maul, oder übers Futter, eingenommen oder, was besser wirkt, in einer Tasse gekochtem Wasser verabreicht. In Deutschland zulässige Präparate stammen z.B. von der Firma Homeofar. Es handelt sich um industriell gefertigte wässrige Extrakte chinesischer Heilkräuter (ohne Alkohol auf Glycerinbasis – cave bei Zuckerkrankheiten wie Diabetes, Tumoren). Diese lassen sich gut bei Kleintieren einsetzen, da sie genau nach Körpergewicht dosiert werden können: pro kg Körpergewicht wird ein Tropfen Hydrophiles Konzentrat verabreicht. Beispiel: für eine 5-kg-Katze beträgt die Tagesdosis 2 x 5 Tropfen.

Auch bei Pferden, die sehr wählerisch sind, haben sich die Tropfen bewährt. Hier gilt die Faust-

regel: 2 x 3 ml für ein 500-kg-Pferd, bei Ponys 2 x 1,5 ml.
Die Bandbreite der H.C. ist nicht ganz so vielfältig wie die der Granulate. Einiges lässt sich schlecht oder gar nicht in einen wässrigen Auszug bringen.

FÜR DEN THERAPEUTEN:

Man kann das in Büchern für Dekokte vorgefertigte Rezept 1 : 1 für H.C. übertragen. Der Apotheker errechnet die benötigte Menge für die verordneten Tage. Es handelt sich hierbei sozusagen nur um Verhältnisangaben.

Bsp.: Si Jun Zi Tang

Ginseng	2g	2,0 ml
Atractylodis	3g	3,0 ml
Poriae	2g	2,0 ml
Glycyrrhiza	1g	1,0 ml

= Tagesdosis 8 g für 80 kg Mensch = 8 ml = reicht für 1 ½ Tage (2 x 3 ml Pferd)

Sie haben jetzt zwei Möglichkeiten. Entweder Sie schreiben unter Ihr Rezept die Dauer der Einnahme (z.B. für 14 Tage) oder Sie nehmen dem Apotheker die Arbeit ab und errechnen individuell die Einzelmilliliter. In 14 Tagen verbrauchen Sie zweimal täglich 3 ml (Dosis für Pferd) über 14 Tage, d.h. 2 x 3 x 14 = 84 ml. Mit dem o.g. Rezept kommen Sie 1 ½ Tage aus, d.h. 84 ml Gesamtmenge: 1,5 Tage = 10,5 (=Faktor). Das heißt in diesem Fall: Um 14 Tage auszukommen, müssten Sie jede Gramm-Angabe im Rezept mit 10,5 multiplizieren.

FERTIGARZNEIMITTEL

Sie sind schnell verfügbar, können aber nicht individuell moduliert und abgestimmt werden. Sie bergen teilweise die Gefahr von Fälschungen in China und können nicht ohne weiteres an den deutschen Markt geliefert werden. Auf Grund dessen kommt es häufig zu einer Beschaffung der entsprechenden Mittel aus Importländern, in denen weniger strenge Kontrollen üblich sind. Die Deklaration der Inhaltsstoffe oder Mengenangaben fehlen oft oder sind ungenau. Aus diesem Grund ist die Anwendung von Fertigarzneimitteln nicht uneingeschränkt zu empfehlen.

Fazit:
Beste Wirkung zeigen Dekokte (Abkochungen) von Rohdrogen, darauf folgen Pulver und Granulate. Einige klassische Rezepte werden schon seit jeher als Kugeln (wan) hergestellt. Diese wirken auch recht gut und sind einfacher einzunehmen. An die Wirkung eines frisch hergestellten Dekoktes kommen sie jedoch nicht heran.

Beschreibung der Einzeldrogen

A) Vorbehandlungsmethode der Kräuter

Diese wird von den Herstellern durchgeführt. Sie beeinflussen die Drogeneigenschaften hinsichtlich Entgiftung, Verminderung der Nebenwirkungen, Beeinflussung der Geschmacksrichtungen, Wirkungsverstärkung:

Bekannte Verfahren:

Chao	Röstverfahren
Jiu Zhi	mit (gelbem Reis-) Wein geröstet
Mi Zhi, Zhi	mit Honig geröstet
Pao Su Jiu	mit oder ohne Hilfsmittel, zu knusprigem/sprödem Zustand geröstet
Jiang Zhi (Zhi Zhi)	mit Ingwerpresssaft geröstet
Zhu	in Wasser oder flüssigen Hilfsstoffen gekocht, danach Trocknung (meist bei toxischen Drogen)
Cu Zhi	mit Essig geröstet

Beispiel:

a) frischer Ingwer (Rz. Zingiberis recens, Sheng Jiang) = wirkt leicht schweißtreibend, Einsatz bei akuten Erkältungskrankheiten.

b) getrockneter Ingwer (Gan Jiang) = wirkt stärker tonisierend, wärmt Mi/Ma und vertreibt die Kälte aus dem Inneren.

B) Therapeutische Methoden

»Kaltes sollst du erhitzen – Heißes sollst du kühlen, Fiebriges sollst du erfrischen – Kühles sollst du erwärmen, Zerstreutes sollst du sammeln – Zusammengeballtes sollst du zerstreuen, Trockenes sollst du befeuchten – Feuchtes sollst du trocknen, Akutes sollst du beruhigen, Verhärtetes sollst du auflösen, Zerbrechliches sollst du festigen, Schwaches sollst du tonisieren, Übermächtiges sollst du ausleiten; jede Krankheit nach ihrer Art. Es herrsche Klarheit und Ruhe, so daß die pathogenen Energien zurückgehen zu ihrem Ursprung. Dies ist die Grundlage aller Therapie.«

Huang Di Nei Jing Su Wen, Kap. 74

Daraus leiten sich die therapeutischen Methoden ab:

Han Fa: induziert Schwitzen zur Beseitigung pathogener Faktoren von der Körperoberfläche
Tu Fa: induziert Erbrechen zur Auflösung von Schleim, Nahrungsstau oder Vergiftungen
Xia Fa: induziert Defäkation zur Ausleitung pathogener Faktoren aus dem Dickdarm
He Fa: harmonisiert die Funktion von verschiedenen Organen
Wen Fa: wärmt das Innere, macht die Meridiane durchgängig und klärt Kälte
Qing Fa: klärt Hitze und Feuer
Xie Fa: löst Stagnation, Stauungen und Klumpen
Bu Fa: stärkt Mangel-Zustände

C) Thermik = Qi der Arznei

Die thermischen Wirkungen »xing« beziehen sich nicht auf die Temperatur, in der man eine Rezeptur zu sich nimmt, sondern auf die thermische Wirkung, die eine Arznei im Körper entfaltet. Die Zubereitungsart kann das natürlich modifizieren. Man unterscheidet zwischen *kalten, kühlen, neutralen, warmen* und *heißen* Kräutern.

Kühlende Kräuter können bei Hitzesymptomen (Yang-Fülle, Yin-Leere mit falscher Hitze) angewendet werden, wie z.B. bei bakteriellen oder viralen Infektionen oder bei »Hitzewallungen« (etc.).

Wärmende Kräuter können bei Kältesymptomen (Yang-Leere, also falsche Kälte, oder Eindringen von Kälte und Nässe) eingesetzt werden.

D) Geschmack

Ursprünglich verstand man darunter die reine geschmackliche Wahrnehmung von Speisen und Arzneisubstanzen, die im Laufe der Jahrtausende weiter abstrahiert wurden und heute meist für bestimmte Eigenschaften von Arzneimitteln steht. Aus diesem Grunde empfinden wir manche als süßlich eingeordneten Substanzen nicht als süß. Bai Zhu (Atractylodes macroceph. Rz) z.B. wird als bitter und süß beschrieben, schmeckt aber extrem bitter, so dass von süß hier nicht die Rede sein kann. Der Grund ist, dass das »süß« hier gleichbedeutend mit tonisierend (Bu) ist, da Bai Zhu ein Qi supplementives Mittel ist. Es gibt insgesamt sieben Geschmacksqualitäten, die alle den fünf Wandlungsphasen zugeordnet werden können:

Scharf (xin): Zerstreut pathogenes Qi (xie qi), welches die äußere Körperschicht (biao) befallen hat, fördert die Zirkulation von Qi und Blut (xue). Daher geeignet für die Behandlung von Krankheiten des Äußeren (z.B. mit Ma Huang oder Gui Zhi = Ephedrae, Zimtzweige) sowie Qi-Stagnation (z.B. Chen Pi, Mu Tan = Orangenschalen, Sandelholz) und Blutstase (z.B. Hong Hua = Safranblüten). Übermäßiger Konsum von scharfen, thermisch heißen Kräutern begünstigt die Entwicklung eines Lungen-Yin-Mangels.

Kontraindindikation: bei Qi-Mangel, Spasmen, Sehstörungen und Schwindel. Auch bei Hautkrankheiten mit Blut-Hitze sind scharfe, thermisch heiße Kräuter kontraindiziert.

Süß (gan): Stärkt, nährt und tonisiert, besonders Magen und Milz, die sie auch harmonisiert, ferner beruhigt es akute Symptome wie Schmerz und Spasmen. Daher geeignet für die meisten Leere-Syndrome, Magen-Milz-Dysfunktionen und akute Störungen (typische Vertreter dieser Gattung sind z.B. Ginseng und Süßholz). Übermäßiger Konsum süßer Kräuter und Nahrungsmittel, speziell wenn diese thermisch kalt sind, können das Milz-Qi schwächen. Bei vorbestehendem Milz-Qi- und Yang-Mangel mit Feuchtigkeits- und/oder Schleimretention sind süße Kräuter mit befeuchtenden Eigenschaften, wie beispielsweise Gan Cao, zu meiden.

Kontraindindikation: bei Feuchtigkeits- und Schleimerkrankungen.

Sauer (suan): Wirkt sammelnd und adstringierend, festigend und stopfend und wird daher u.a. für Diarrhoe, Leukorrhagie und andere Flüssigkeitsverluste verwendet (z.B. Rou Dou Kou und Wu Wei Zi, Muskatnuss, Fruct. Schisandra).

Kontraindikation: bei Qi-Stagnation und Magen-Feuer sowie im Anfangsstadium von Erkältungskrankheiten (Grund: zieht die äußeren pathogenen Faktoren ins Körperinnere).

Bitter (ku): Wirkt Nässe trocknend (Long Dan Cao, Chinesischer Enzian), Hitze und Feuer purgierend (Shi Gao, Kristalliner Gips und Lu Gen, Schilfrohr), aufbäumendes Qi absenkend (Xing Ren, Bittermandeln) und abführend im Sinne der Darmentspannung (Da Huang, Rhabarber, Fan Xie Ye, Sennesblätter). Diese Gruppe ist zum Behandeln von Fülle-Syndromen wie Hitze und Kälte, z.B. Husten mit Dyspnoe, Vomitus und Obstipation, geeignet. Die Einnahme am besten vormittags, da am Abend das Milz-Qi zu sehr verletzt würde.

Kontraindindikation: bei Körperflüssigkeitsmangel, Blut- und Yin-Mangel.

Salzig (xian): Erweicht Verfestigungen und Verhärtungen wie Lymphdrüsenschwellungen und Gicht (Hai Zao, Seetang und Hai Ge Ke, Muschelschalenpulver) und hat ebenfalls (wie bitter) z.T. ausleitende Wirkung im Sinne der Lösung und Beseitigung abdominaler Massen (Beispiel: Mang Xiao, Glaubersalz). Ein übermäßiger Konsum des salzigen Geschmacks schwächt das Nieren-Yin.

Kontraindindikation: bei manchen Formen der Hypertonie.

Beschreibung der Einzeldrogen

Zusammenfassend hier Geschmacksqualität, zugeordnetes Organ und Wandlungszustand sowie therapeutische Wirkung im Sinne der chinesischen Pharmakologie:

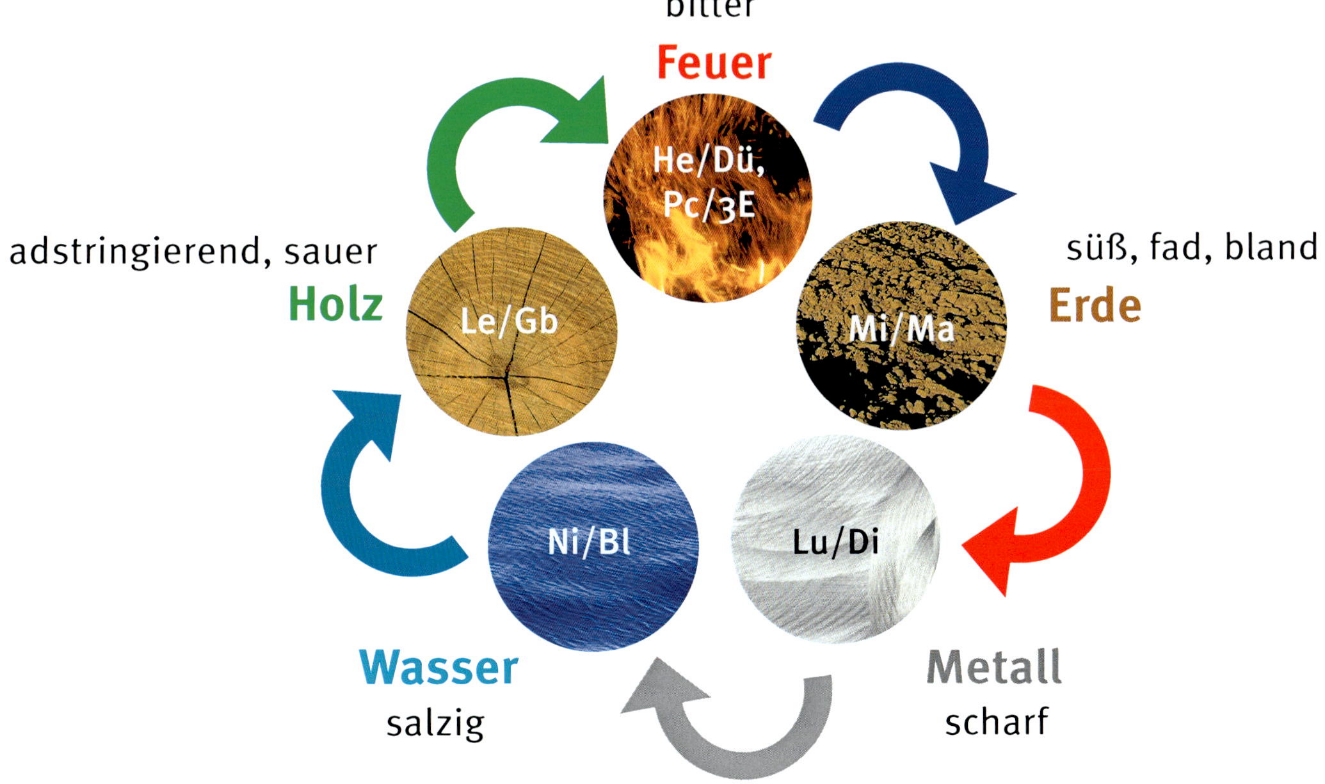

Ferner gibt es noch:

Bland, fad, neutral, geschmacklos (dan): Bewegt Wasser, fördert die Diurese, vertreibt Nässe, entschleimt Herzkanäle, wirkt harntreibend. Für alles, was den Flüssigkeitshaushalt betreffende Syndrome zeigt: Harnverhaltung, Ödeme. Bsp.: Fu Ling (Poriae Albae), Graupen (Yi Yi Ren), Lai Fu Zi und Che Qian Zi, also getrockneter Rettich und Breitwegerichsamen, sind zwei seiner typischen Vertreter. Übermäßiger Konsum führt zu keiner Verletzung des Körpers. Keine Kontraindikation!

Aromatisch: Öffnet Körperöffnungen, wandelt Schleim um = klärt den Geist und hilft der Milzfunktion, Nässe zu trocknen.

Adstringierende Mittel sind in ihrer Wirkung den sauren etwa gleichzusetzen (z.B. Galläpfel, Granatapfelschale), doch werden sie besonders bei Verlust von Körperflüssigkeiten eingesetzt. Dabei darf man sich nicht nur nach dem gustatorischen Geschmack richten. Eine Arznei, die austrocknend wirkt, wird als bitter bezeichnet, auch wenn sie eventuell nicht so schmeckt! Auch können einer Arznei mehrere Geschmäcker zugeordnet werden, wenn sie mehrere Wirkungen zeigt.

Jeder Geschmack kann sich auch negativ auf den Körper auswirken. So steht in Kapitel 23 des Su wen des Werkes Huang Di Nei Jing:

- Zu viel saurer Geschmack verletzt Leber und Sehnen.
- Zu viel bitterer Geschmack verletzt Herz und Blut.
- Zu viel süßer Geschmack verletzt Milz und Fleisch.
- Zu viel scharfer Geschmack verletzt Lunge und Haut.
- Zu viel salziger Geschmack verletzt Nieren und Knochen.

Weiterhin steht in diesem Kapitel:
»Die fünf Geschmacksrichtungen wirken sich dank ihrer natürlichen Eigenschaften auf spezifische Weise auf den Körper aus. Aus diesem Grund bestehen auch spezifische Kontraindikationen. Da der scharfe Geschmack Qi zerstreut, sollte man bei Erkrankungen des Qi nichts Scharfes zu sich nehmen. Salziges reinigt das Blut, also sollte man bei Bluterkrankungen salzige Speisen vermeiden. Ein bitteres Aroma erschöpft die Knochen, also sollte man bei Knochenerkrankungen auf bittere Speisen verzichten. Süßes bläht das Fleisch auf, daher sollte man es bei Erkrankungen des Fleisches meiden. Saures kontrahiert die Sehnen und sollte daher bei Sehnenerkrankungen nicht genossen werden.«

e) Wirkrichtung der Kräuter

Wie aus der Dietätik bereits bekannt, gibt es auch hier die verschiedenen Wirkrichtungen. In China werden die Kräuter auch oft als »normales Essen« eingenommen, außerdem wird viel mehr mit Kräutern gekocht als es hierzulande üblich ist. In China herrscht überwiegend frugale Ernährung, d.h. mehr Frucht und Gemüse, wenig Fleisch.
Die Richtungen können eingesetzt werden, um die Drogen in bestimmte Körperbereiche zu bringen. Man spricht dann von Botenarzneien.

Aufsteigend

Alle Blüten (Hua) schwimmen oben. Deshalb kann man ihnen auch eine aufsteigende Wirkung zuschreiben, d.h. ihr Wirkort wird dann auch mehr »oben« im Körper liegen.
Bsp.: Hong Hua – Carthami Flos, Dan Shen – Menthae Herba.

Absteigend

Bei den absteigenden Drogen handelt es sich um schwere Substanzen wie Wurzeln und Mineralien. Sie fallen beim Kochen auf den Topfboden. Muscheln und Mineralien sollten bei einem Dekokt 10-20 Minuten vor den anderen Substanzen gekocht werden.
Bsp.: Niu Xi – Achyranthis Rx.

Zentrifugal

Eine Wirkrichtung, die man sich zum Austreiben von Infektionen zu Nutze machen kann, um den pathogenen Faktor nach außen zu treiben.
Bsp.: Gui Zhi-Cinnamomi

Zentripetal

Diese Wirkrichtung erhält die Körperflüssigkeiten und wirkt somit adstringierend, also säfteerhaltend.
Bsp.: Paeoniae Albae – Bai Shao, Corni Fr. – Shan Zhu Yu

Hilfssatz:
Alles, was oben schwimmt, hat die Wirkung nach oben und außen; alles, was nach unten sinkt, hat absteigende Wirkung und beruhigende Wirkung auf den Geist Shen.

f) Tropismus = Gui Jing

Der Tropismus eines Arzneimittels definiert seinen Wirk-»Ort« in Bezug zu den Funktionskreisen, d.h. in welcher Hinsicht sich seine Wirkung im Körper im Sinne der Meridian- und Funktionskreistheorien der TCM am deutlichsten entfaltet. Es darf dabei nicht vergessen werden, dass die ganzheitliche Einheit des »Systems Körper« niemals nur selektiv beeinflusst werden kann, sondern dass stets das ganze System verändert wird (z.B. wird beim Therapieren des Speicherorgans (zang) Leber auch das Arbeitsorgan (fu) Galle mitbeeinflusst).

Da die Beschreibung des Tropismus erst im Laufe des 12.-13. Jahrhunderts entstanden ist, als Akupunktur und Arzneimitteltherapie noch nicht eng verbunden waren, stützt dieses System sich vor allem auf die Wirkung des Zangfu, nach dem der Meridian benannt wurde. Dementsprechend selten werden Meridiane erwähnt, die kein eigenes Zangfu besitzen (z.B. Dreifacherwärmer/Perikard).

Der Tropismus zeigt also nur den Hauptwirkbereich an. Auch hier muss immer der Bezug zu den theoretischen Grundlagen und den anderen Aspekten der Arzneimittelnatur hergestellt werden.

Beispiel: Ingwer, Tigerlilienzwiebel, Senfkörner und Schalotten (Jiang, Bai He, Jie Zi, Cong Bai) sind alle – bis auf die Tigerlilie – scharf und und wirken alle auf den Funktionskreis Lunge, allerdings völlig verschieden: Ingwer wärmt Kälte der Lunge, Tigerlilie tonisiert die defiziente Yin-Leere der Lunge, Senfkörner lösen den Schleim, und die Schalotte gleicht eine replete Fülle in der Lunge aus.

g) Arzneimittelstärke: You Du, Wu Du

Gemäß der klassischen Definition, nach der eine milde Medizin besser ist als eine drastische, und sehr drastische Mittel nur bei kritischen und hochakuten Syndromen eingesetzt werden sollten, wurden alle mehr oder minder drastischen Mittel mit als »leicht giftig«, »giftig« oder auch »stark giftig« bezeichnet.

Giftig bedeutet hier nicht prinzipiell »toxisch« wie in der westlichen Medizin. Eine als »stark giftig« bezeichnete Arznei – wie z.B. Aconiti Rx. – kann aber durchaus toxische Wirkung haben.

Hier sind im Folgenden die wichtigsten toxischen Einzelkräuter der TCM in alphabetischer Reihenfolge aufgelistet:

- Acanthopanacis, Cx. (Wu Jia Pi)
- Aconiti carmichaeli Rx. (Fu Zi)
- Mu Tong/Akebia, Cl. (Mu Tong)
- Angelica dahurica, Rx. (Bai Zhi)
- Angelica pubescentis, Rx. (Du Huo)
- Arisaematis, Rz. (Tian Nan Xing)
- Asari, Hb. (Xi Xin)
- Bupleuri, Rx. (Chai Hu)
- Buthus martensi (Quan Xie)
- Cinnamomi cassiae, Cx. (Rou Gui)
- Ephedrae, Hb. (Ma Huang)
- Evodiae rutaecarpae, Fr. (Wu Zhu Yu)
- Ginseng, Rx. (Ren Shen)
- Glyryrrhiza, Rx. (Gan Cao)

- Magnoliae, Fl. (Xin Yi Hua)
- Pinelliae, Rz. (Ban Xia)
- Puerariae, Rx. (Ge Gen)
- Scolopendrae subspinipes (Wu Gong)
- Sophorae flavescentis, Rx. (Ku Shen)
- Talcum (Hua Shi)
- Trichosanthis kirilowii, Rx. (Tian Hua Fen)
- Xanthii sibirici, Fr. (Cang Er Zhi)

Darüber hinaus gibt es solche, die nicht miteinander kombiniert werden dürfen bzw. solche, die während einer Trächtigkeit nur beschränkt oder gar nicht gegeben werden dürfen. In den einzelnen Rezepten wird diesbezüglich darauf hingewiesen.

Da sowohl in China wie auch im Westen der Begriff »giftig« sehr dehnbar ist, muss bei den Mitteln, die nicht als »ungiftig« angegeben sind, nicht nur die Dosis, sondern auch die Konstitution, das Alter des Patienten und die Stärke der Erkrankung in Betracht gezogen werden. Außerdem sollte die Arznei nach deutlicher Besserung abgesetzt werden, um die größtmögliche Sicherheit zu gewährleisten.

Als Anhaltspunkt lässt sich jedoch sagen, dass aus o.g. Gründen der Begriff der Giftigkeit weit unter dem des Westens liegt. Würde man die modernen Chemotherapeutika nach chinesischen Gesichtspunkten klassifizieren, so müssten sie fast alle als »giftig« eingestuft werden, wie schon bei Porkert erwähnt.

Die Giftigkeit kann durch Verarbeitung der Arznei deutlich vermindert werden. Richtig gekochter und als Arznei zubereiteter Aconitum z.B. ist um das Fünf- bis Zehntausendfache ungiftiger als die Droge in frischem Zustand.

Kombinationen von Geschmack und Thermik

Je nach Kombination einer thermischen Wirkung mit einer Geschmacksrichtung können sich also verschiedene Gesamtwirkungen ergeben.

Nimmt man z.B. wärmende Kräuter, so kann man je nach Geschmacksrichtung verschiedene Wirkungen unterscheiden:

Warm und scharf: ist zusammen sinnvoll, um Wind-Kälte aus der Oberfläche zu vertreiben, wobei die Schärfe schweißtreibend und nach außen leitend wirkt, und die Wärme dem Kältefaktor entgegengerichtet ist, z.B. Ephedrae Hb.

Warm und sauer: wärmen zusammen die Lunge, um Husten zu stillen und Schwitzen zu stoppen. Der saure Geschmack zieht zusammen und sammelt, die Wärme hilft gegen eingedrungene Kälte, es kommt aber nicht zur Austrockung der Lunge durch die sammelnde Wirkung, z.B. Fructus schisandrae.

Warm und süß: wärmt und stärkt die Milz-Energie (das Yang), z.B. Radix astragali.

Warm und bitter: stärkt die Wärme das Yang, der bittere Geschmack trocknet, geeignet für die Stärkung des Milz-Yang bei Nässe, z.B. Rhizoma atractylodis.

Warm und salzig: wärmt die Niere und befeuchtet die Gedärme, z.B. Herba cistanchis.

Andererseits können Kräuter der gleichen Geschmacksrichtung, aber mit unterschiedlichem Temperaturverhalten, sehr unterschiedlich eingesetzt werden.

Süß und kalt: gegen Hitze, bei trockenem Maul (Speichel erzeugend), z.B. Rhizoma phragmitis.

Süß und kühl: um den Geist zu beruhigen, Schwitzen zu stoppen, z.B. Fructus tritici germinatus.

Süß und neutral: stärkt mild die Milz und die Lunge, z.B. Rhizoma dioscorae.

Süß und warm: stärkt die Milz und wärmt sie, z.B. Radix codonopsis.

Süß und heiß: Niere und Yang wärmend, z.B. Cortex cinnamomi.

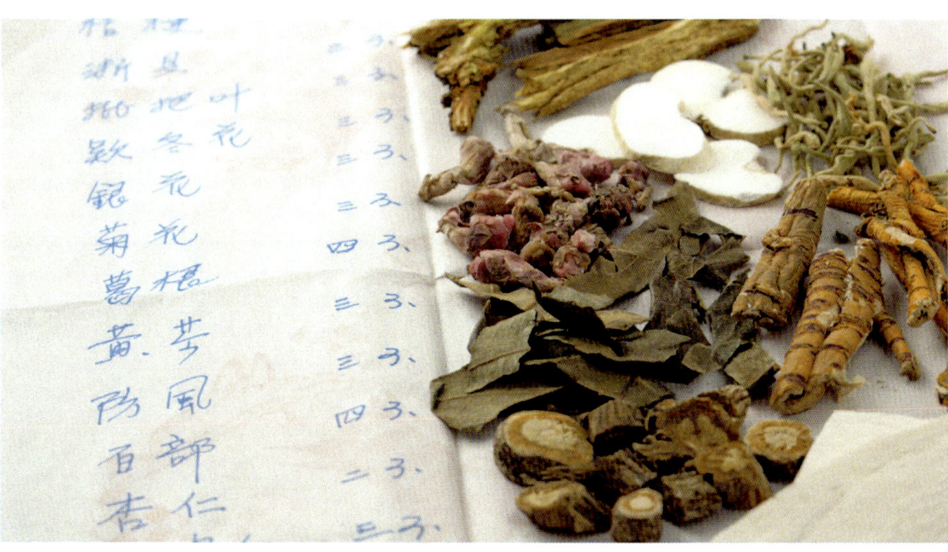

Arzneiklassen

Es gibt eine Einteilung nach Gruppen, die vor allem klinische Aspekte berücksichtigt. Je nach Autor gab es in China zwischen 12 und 32 Arzneigruppen. Das seit ca. 50 Jahren genormte Standardverfahren unterscheidet heute 18 Gruppen. So ist es z.B. bei der Suche nach einem kühlenden Mittel möglich, schnell Arzneien mit unterschiedlichem Wirkungs- und Nebenwirkungsspektrum zu vergleichen.

Die Oberfläche befreiende Rezepturen (Jie Biao Ji)

Zur Behandlung von akuten Störungen, Pathogen noch in der Körperoberfläche, durch Schwitzen soll es ausgeleitet werden (Han Fa).

Hitze klärende Rezepturen (Qing Re Ji)

Behandeln Störungen mit innerer Hitze, die geklärt (Qing Fa), d.h. geläutert und transformiert werden müssen. Es ist wichtig zu differenzieren, ob es sich um ein Leere- oder Fülle-Syndrom handelt und auf welchem Level sich die Störung befindet.

Ableitende und abführende Rezepturen (Xie Xia Ji)

Therapiemethode des nach unten Ableitens (Xia Fa), um Akkumulationen von Hitze, Kälte, Flüssigkeiten aus dem Innern auszutreiben. Nicht bei äußeren Symptomen oder während einer Schwangerschaft anzuwenden. Vorsicht ist bei geschwächten Menschen geboten (Ausnahme: Darm befeuchtende, mild ableitende Rezepturen).

Harmonisierende und lösende Rezepturen (He Jie Ji)

Behandeln Disharmonien im Shao Yang, zwischen Leber-Gallenblase und Milz-Magen, aber auch komplexe Störungsmuster mit Hitze- und Kälte-Symptomen im Magen-Darmbereich. Viele dieser Disharmonien entstehen aufgrund emotionaler Probleme, Stress etc. (He Fa).

Trockenheit und Körpersäfte befeuchtende Rezepturen (Run Zao Ji)

Trockenheit existiert als externer pathogener Faktor, aber auch als innere Trockenheit durch den Verlust von Flüssigkeiten. Fast immer ist die Lunge betroffen, aber auch Magen und Därme oder Niere können involviert sein.

Nässe austreibende Rezepturen (Qu Shi Ji)

Nässe ist ein schwerer, langsamer pathogener Einfluss von außen oder innen (Milz-Nieren-Schwäche), der den regulären Wasser Metabolismus und/oder Qi Fluß stört. Symptome: Harnwegsinfekte, Übelkeit, Erbrechen, Diarrhoe, Ikterus, Ödeme (Nässe mit Kälte oder Hitze), Gelenkbeschwerden (Wind und Nässe). Scharfe, aromatische, warme Substanzen trocknen Nässe; süße, neutrale lassen sie aus dem Körper sickern.

Das Innere wärmende Rezepturen (Wen Li Ji)

Kälte als äußerer pathogener Faktor kann ins Innere eindringen. Yang-Leere führt zu innen entstehender Kälte, man behandelt mit der wärmenden Methode (Wen Fa), mit heißen, trocknenden Arzneien. Cave: Yin oder Blut Leere.

Tonisierende und stärkende Rezepturen (Bu Yi Ji)

Bu Fa vereint verschiedene Methoden des Tonisierens, Erhöhens, Vermehrens, Kräftigens von Qi, Blut, Yin, Yang; meist mit Verdauungshilfen oder reduzierter Dosierung bei Patienten mit Milz / Magen Schwäche. Nicht jede chronische Krankheit basiert auf einem Leere-Syndrom.

Qi regulierende Rezepturen (Li Qi Ji)

Zwei große Untergruppen: Rezepturen, die Qi bewegen und Stagnation aufheben, Schmerzbehandlung. Die zweite Art reguliert rebellierendes, abnorm fließendes Qi; behandelt Erbrechen, Aufstoßen und Husten bzw. Asthma. Meist bittere, warme, scharfe und trocknende Kräuter, sie verletzen Flüssigkeiten und zerstreuen Qi.

Kombinationen von Geschmack und Thermik

Blut bewegende Rezepturen (Huo Xue Ji)
Zur Behandlung von Blut-Stagnation oder Stase, entstanden aus Qi Stagnation, Kälte, Hitze, Trauma, Geburten. Häufig gynäkologische Erkrankungen, Läufigkeits- und Rosse-Probleme, Myome, aber auch starke Schmerzen.

Blut stillende Rezepturen (Zhi Xue Ji)
Blut im Urin, Stuhl, Bluterbrechen, Bluthusten, Nasenbluten, exzessive Menstruation werden mit blutstillenden Rezepturen behandelt; Differenzierung Fülle – Leere; sobald möglich, Wurzel mitbehandeln.

Festigende und bindende Rezepturen (Gu Se Ji)
Abnormer Flüssigkeits- oder Substanzverlust (Schweiß, Blut, Sperma, Ausfluß, Urin, Stuhl) als Ausdruck der Schwäche der betreffenden Organe (Leck) werden durch adstringierende Substanzen behandelt. Nicht bei Fülle Syndromen oder äußeren Pathogenen.

Den Geist beruhigende Rezepturen (An Shen Ji)
Störungen des Geistes, meist Herz- oder Leber-Problem, Leere wird mit Yin und Blut nährenden Arzneien tonisiert; Fülle mit schweren mineralischen oder metallischen (toxisch) Substanzen abgesenkt und beruhigt.

Wind austreibende Rezepturen (Qu Feng Ji)
Behandeln externen Wind (Juckreiz, Taubheitsgefühle, muskuläre Spasmen) oder inneren Wind mit Schwindel, Kopfschmerzen, Hypertonus, Tremor, Konvulsionen, schlaffen oder spastischen Lähmungen.

Die Körperöffnungen öffnende Rezepturen (Kai Qiao Ji)
Akuter Bewusstseinsverlust wegen Hitze-, Kälte- oder Schleim-Fülle; Fertigpräparate mit aromatischen Substanzen.

Schleim austreibende Rezepturen (Qu Tan Ji)
Schleim kann aufgrund verschiedener pathologischer Prozesse entstehen, Milz-Leere, die zu einer Ansammlung von Nässe und anschließender Transformation in Schleim führt; Hitze oder Yin-Schwäche, die Flüssigkeiten eindicken lässt und daraus Schleim bildet, oder Kälte, die die Flüssigkeiten zum Gefrieren bringt. Entsprechend der Pathogenese sind verschiedene Behandlungsstrategien erforderlich, fast immer mit Milz stärkenden und Qi bewegenden Arzneien kombiniert.

Nahrungsstagnation auflösende Rezepturen (Xiao Dao Ji)
Auflösen (Xiao Fa) ist eine milde, zerstreuende Methode von Nahrungsstagnation, eher akuter Zustand nach Völlerei. Nicht lange alleine anwenden, zerstreut Qi.

Parasiten austreibende Rezepturen (Qu Chong Ji)
Sollen Parasiten aus dem Magen-Darm-Trakt vertreiben; meist auch Milz-stärkende Funktion, evtl. ergänzend zur allopathischen Therapie.

Rezepturen sind in der chinesischen Medizin nicht einfach eine Zusammenfügung medizinischer Substanzen. Die Wirkungen mehrerer Kräuter lassen sich nicht einfach addieren, es handelt sich vielmehr um komplexe Rezepte, in denen sich die enthaltenen Wirkstoffe gegenseitig beeinflussen und in ihrer Wirkung ergänzen. Um den bestmöglichen Behandlungserfolg mit möglichst wenigen Nebenwirkungen zu erzielen, ist es wichtig zu erkennen, welche Aspekte einer Störung bei dem betreffenden Patienten am vordringlichsten zu therapieren sind: Ben = Wurzel, Ursache oder Biao = Zweige, Symptome.

Zu diesem Thema steht in Kapitel 5 des Su Wen des Werkes Huang Di Nei Jing:
»Das Gesetz von Yin und Yang ist die natürliche Ordnung des Universums, die Grundlage aller Dinge, die Mutter jeden Wandels, die Wurzel von Leben und Tod. Um eine Krankheit zu behandeln, muss man die Wurzel der Disharmonie finden, die immer dem Gesetz von Yin und Yang unterworfen ist.«

- Die Ursache einer Krankheit ist die Wurzel, die Symptomatik, die Manifestation.
- Im Verlauf einer Krankheit ist die zugrunde liegende primäre Störung die Wurzel, die sekundäre Komplikation die Manifestation.
- Hinsichtlich der Lokalisation einer Krankheit sind die internen Aspekte die Wurzel, die äußeren die Manifestation.

Dabei gehen wir nach folgenden Grundregeln vor:

a) Bei akuten Störungen ist die Manifestation (biao) zu behandeln. Beispiele sind akute Blutungen oder Erbrechen sowie all jene Erscheinungen, wo unabhängig von deren Ursache eine rasche Beseitigung der Symptome lebenswichtig ist.
b) Klassische Texte empfehlen darüber hinaus, dass folgende Symptome, wenn sie als Manifestation (biao) vorliegen, unabhängig von der Ursache (ben) primär behandelt werden sollten: Schlafstörungen, starke Schmerzen, Juckreiz sowie Probleme im Bereich des Verdauungstraktes.
c) Bei chronischen Störungen ist die Wurzel zu behandeln. Meist resultieren aber bereits Symptome aus dieser Wurzelstörung, so dass man beides gleichzeitig behandelt.
d) Gleichzeitige Behandlung von ben und biao

Ein Rezept besteht klassischerweise aus 4 Gruppen (wobei eine Arznei auch mehrere Gruppen belegen kann, so dass es durchaus klassische Rezepte mit nur 2 Bestandteilen gibt).

Hauptkomponente (Kaiser)

Gegen das Hauptsymptom oder das zugrundeliegende Syndrom. Sie besitzt den größten Teil der Wirkung. Oft wird gesagt, dass dem Kaiserkraut die höchste Dosierung zukommen soll. Diese Aussage bezieht sich jedoch auf die für diese Zutat normale Mischung.

Beispiel: Kraut A: 3 – 6 g, Kraut B: 12 – 18 g
Werden nun 6 g der ersten und 12 g der zweiten Substanz für eine bestimmte Rezeptur verwendet, so wäre die relative Dosierung der ersten größer als jene der zweiten. Erstere wäre daher als Kaiserkraut und die zweite als Ministerkraut wirksam.

Nebenkomponente (Minister)

Gegen weitere wichtige Symptome oder weitere Syndrome. Sie unterstützt das Kaiserkraut bei der Behandlung des Hauptsyndroms. Außerdem hat sie für den Patienten heilsame Wirkqualitäten, die über den Wirkmechanismus des Kaiserkrautes hinausgehen.

Begleitkomponenten (Assistent, Helferkraut)

Verstärkt die Wirkung von Haupt- und/oder Nebenkraut. Darüber hinaus vermindert sie deren Toxizität und besitzt zuweilen antagonistische Wirkung zu dem Kaiserkraut.

Bote (Gesandter)

Leitet die Rezeptur an die gewünschte Körperstelle, gleicht die unter 1-3 genannten Kräuter aus, harmonisiert (oft Radix Glycyrrhizae, rettet den Geschmack).

Natürlich weisen nicht alle Rezepturen die vier angeführten Bestandteile auf. Wenn weder Kaiser- noch Ministerkraut toxisch sind, besteht kein Bedarf an einem Helferkraut.
Auch gibt es Rezepturen, bei welchen die Hirarchie der Ingredienzen nicht immer so einfach strukturiert ist und nicht alle Zutaten die gleiche Bedeutung haben.

Es empfiehlt sich (vor allem für Einsteiger), möglichst wenige Kräuter zu verwenden. Dazu braucht man eine klare Vorstellung, was der Patient jetzt akut benötigt. Wenn man das Rezept dann ändert, kann man schnell dazulernen, was die jeweilige Änderung bewirkt.

Eine Rezeptur wird meist für 1-2 Wochen verordnet. Dann wird eine Kontrolle inklusive Zungen- und Pulsdiagnose durchgeführt. Das Rezept wird ggf. angepasst und weiterverordnet.

Die Einnahme der Rezepte erfolgt:

- bei Magen irritierenden Rezepten oder solchen mit schwer verträglichen oder kalten Bestandteilen: nach dem Essen.
- bei tonisierenden Rezepten auf leeren Magen, da sie so besser wirken.
- bei Rezepten zur Behandlung von Unruhezuständen des Geistes und Schlafstörungen: vor dem Schlafengehen.
- bei Rezepturen, die hauptsächlich bittere, thermisch kalte Kräuter enthalten: am Vormittag. Der Vormittag wird in der TCM dem Holzelement zugeordnet. Die meisten bitteren, thermisch kalten Kräuter haben diuretische Wirkung. Dadurch wird verhindert, dass der Kleintierpatient nachts raus muss.

Die Rezepturen sollten nicht zusammen mit Milch oder Milchprodukten konsumiert werden. Schwer verträgliche fette, rohe und kalte Speisen sollten nicht unmittelbar vor der Dekokteinnahme stehen. Falls das Tier gebarft, also roh gefüttert wird, wäre es besser, die Nahrung mit heißem Wasser zu übergießen und bis zum handwarmen Abkühlen stehen zu lassen.

Namensteil	Platzierung*	Bedeutung	Beispiel
Pflanzenteil			
Cao	Ende	Arznei, Kraut	Gan Cao
Dou	Mitte, Ende	Semen, Bohne	Lü Dou
Gen, Ben	Ende	Radix, Wurzel	Gao Ben, Su Gen
Gu	Ende, Anfang	Os, Knochen	Long Gu
Guo	Ende	Fructus, Frucht	Bai Guo, Hong Guo
Hua	Ende	Flos, Blüte	Ju Hua
Ke	Ende	Pericarpium, Exocarpium, Hüllschale (Pflanze, Muschel)	Zhi Ke, Hai Ge Ke
Jiao	Ende	Cornu, Horn	Lu Jiao, Ling Yang Jiao
Mu	Ende, Anfang	Lignum, Holz	Su Mu, Mu Xiang
Pi	Ende	Cortex, Pericorpium, Schale	Chen Pi
Ren	Ende	Semen, (weicher) Kern, Nuß	Xing Ren
Sha	Ende	Excrement, Sand	Hai Jin Sha
Shi	Ende, Anfang	Calculus, Stein	Hua Shi
Teng	Ende	Caulis, Winde	Ji Xue Teng
Ya	Ende	Sticus, Sprosse	Mai Ya, Gu Ya
Ye	Ende	Folium, Blatt	Fan Xie Ye
Zhi	Ende	Ramulus, Zweig	Gui Zhi
Zi	Ende	Semen, Samen	Nü Zhen Zi
Farbe			
Bai	Anfang	Weiß	Bai Hua She
Hei, Wu	Anfang	Schwarz, Rabens.	Hei Zhi Ma, Wu Tou

Namensteil	Platzierung*	Bedeutung	Beispiel
Hong, Chi	Anfang	Rot	Hong Hua, Chi Shao
Huang	Anfang	Gelb	Huang Qi
Jin	Anfang, Ende	Gold	Jin Yin Hua
Qing, Lü	Anfang	Grün	Qing Dai, Lü Dou
Yin	Anfang	Silber	Jin Yin Hua, Yin Mu Er
Zi	Anfang	Violet	Zi Cao
Geschmack			
Gan, Tian	Anfang	Süß	Gan Cao, Tian Xing Ren
Suan	Anfang	Sauer	Suan Zao Ren
Ku	Anfang	Bitter	Ku Shen, Ku Gua
Dan	Anfang	Fade	Dan Dou Chi
Xin	Anfang	Scharf	Xi Xin, Xin Yi
Xiang	Anfang, Ende	Aromatisch	Xiang Fu, Mu Xiang
Ortsbezug			
Bei	Anfang	Nördlich	Bei Sha Shen
Chuan	Anfang	Aus Si Chuan	Chuan Niu Xi, Chuan Bei Mu
Zhe	Anfang	Aus Zhe Jiang	Zhe Bei Mu
Fan	Anfang	Aus dem Ausland	Fan Xie Ye
Hai	Anfang	Aus der See	Hai Piao Xiao, Hai Dai
Shan	Anfang	Aus den Bergen	Shan Yao,
She	Anfang, Ende	Schlange	She Tui, Wu Shao She

Namensteil	Platzierung*	Bedeutung	Beispiel
Da	Anfang	Groß	Da Ji, Da Huang
Xiao	Anfang, Ende	Klein	Xiao Ji, Xiao Hui Xiang
Nan	Anfang	Südlich	Nan Gua Zi
Dong	Anfang	Östlich	Dong Yang Shen
Xi	Anfang	Westlich	Xi Yang Shen
Tian	Anfang	Himmel	Tian Hua Fen, Tian Nan Xing
Tu, Di	Anfang	Erde, Boden	Tu Bie Chong, Di Long
Herkunft, Form			
Da	Anfang	Groß	
Xiao	Anfang	Klein	
Tian	Anfang	Himmel	
Tu, Di	Anfang	Erde, Boden	
Hai	Anfang	Aus dem Meer	
Shan	Anfang, Ende	Berg...	
She	Anfang, Ende	Schlange	

*bezeichnet die Stellung des Namensteils im chinesischen Wort oder Satz

Namensteil	Form	Platzierung*
Präparationen		
Pao	Geröstet	Anfang, Arznei
Jiao	Gebraten	Anfang, Arznei
Duan	Kalzifiziert (rotglühend)	Anfang, Arznei
Mi (zhi)	Preparíert in Honig=süß	Anfang, Arznei
Cu (zhi)	Prepariert in Essig=sauer	Anfang, Arznei
Jiu (zhi)	Prepariert in Wein=warm	Anfang, Arznei
Yan (zhi)	Prepariert in Salzwasser=salzig	Anfang, Arznei
Dan (zhi)	Prepariert in Galle =bitter	Anfang, Arznei
Sheng	Unprepariert	Anfang, Arznei
Shou	Prepariert	Anfang, Arznei
Fen	Pulverisiert	Ende, Formel oder Arznei
Formel		
Tang	Dekokt	Ende, Formel
Yin	Kaltdekokt	Ende, Formel
Dan	Teure Pille, Elixier	Ende, Formel
Wan	Bolus oder Honigpille	Ende, Formel
San	Pulver	Ende, Formel
Ruan Jiao Nang	Kapsel (modern)	Ende, Formel
Gao	Pflaster	Ende, Formel
Pian	Tablette (modern)	Ende, Formel
Jiu	Medizinischer Wein	Ende, Formel
Di Wan	Schmelzglobulus (modern)	Ende, Formel

Die wichtigsten Pflanzen-Abkürzungen

Lat. Bezeichng.	Abkürzung	Dt. Bezeichng.	Beispiel
Bulbus	Bb.	Zwiebel	Scillae Bulbus
Cortex	Cx.	Rinde	Cinammomi Cortex
Caulis	Cl.	Frucht	Milletiae Caulis
Flos	Fl.	Blüte	Sambuci Flos
Folium	Fo.	Blatt	Melissae Folium
Fructus	Fr.	Frucht	Anisi Fructus
Herba	Hb.	Kraut	Thymi Herba
Ramulus	Ra.	Äste	Mori Ramulus
Radix	Rx.	Wurzel	Ginseng Radix
Rhizoma	Rz.	Wurzelstock	Zingiberis Rhizoma
Semen	Sm.	Samen	Lini Semen
Tuber	Tb.	Wurzelknollen	Pinelliae Praeperatae Tuber

Rezeptur 1 — An Shen San – Den Geist beruhigende Mischung

Suan Zao Ren	Zizyphi spinosae Sm.	2
Bai Zi Ren	Biotae orient. Sm.	2
Yuan Zhi	Polygalae Rx.	2
Gan Cao	Glycyrrhiza ural. Rx.	2
Fu Ling	Poria albae Sclerotium	7
Bai Zhu	Atractylodis macroc. Rz.	5
Chen Pi	Citri reticulatae Peric.	5
Shan Yao	Dioscorea Rx.	7
Mai Men Dong	Ophiopogonis Tb.	3
Chi Chang Pu	Arcorus graminei Rz.	2
Xuan Shen	Scophularia Rx.	3
Wu Wei Zi	Schisandrae Fr.	2

Wirkungen und Indikationen

Beruhigt das Herz; beruhigt Shen; klärt Hitze; nährt das Yin.
Bei intensiven Träumen, Schlafstörungen, Herzklopfen, Reizbarkeit, Unruhezustände, Schreckhaftigkeit. In der Mischung enthalten sind beruhigende, die Herzöffnung klärende und Hitze ausleitende Kräuter.

Funktionskreis hauptsächlich Lunge, Milz und Herz
Temperaturverhalten warm-neutral
Geschmacksrichtung süß und bitter

Klinische Bemerkung

Die Rezeptur beinhaltet keine schwer verdaulichen Mineralien. Da sie Milz-tonisierende Kräuter enthält, kann sie mit gutem Gewissen über einen längeren Zeitraum gegeben werden. Sie wirkt beruhigend und ausgleichend und sollte in stressigen Zeiten oder bei länger bestehenden Schlafproblemen längerfristig eingenommen werden. Bei älteren, ausgelaugten Pferden empfiehlt sich die zusätzliche Gabe von Yin und Yang tonisierenden Kräutern, um Probleme im Bereich der Shao-Yin-Achse (Nieren-Yin-Mangel/Herz-Feuer) auszugleichen.

Kontraindikation Gravidität

Rezeptur 14 Ding Zhi Wan – Pille, die den Willen festigt

Ren Shen	Ginseng	90
Fu Ling	Poria Cocos Sclerotium	90
Yuan Zhi	Polygalae Rx.	60
Chi Chang Pu	Arcorus graminei Rz.	60

Wirkungen und Indikationen

Tonisiert das Herz-Qi und beruhigt den Geist. Bei Herz-Qi-Mangel nach schwerem, emotionalem Schock, auch konstitutioneller Herz-Qi-Mangel möglich.

Funktionskreis Herz, Lunge
Temperaturverhalten warm
Geschmacksrichtung scharf

Klinische Bemerkung

Das Tier erschrickt leicht und ist ängstlich, begleitet von Palpitationen mit Ängstlichkeit und Vergesslichkeit. In schlimmen Fällen verliert der Geist seinen Halt so sehr, dass er nicht mehr im Willen verwurzelt ist. Unter solchen Umständen gerät die Emotion Freude, die mit dem Herz assoziiert wird, völlig außer Kontrolle. Dieser Vorgang äußert sich z.B. beim Pudel in unaufhörlichem Bellen, beim Pferd in Zwangsverhalten wie Koppen oder Weben. Es kann bei furchtsamen, unruhigen Pferden, die zu Panikattacken neigen, ebenfalls gegeben werden.
Das Rezept ist eine grundlegende Verschreibung zur Nährung des Herzens und Beruhigung des Geistes. Obwohl der Behandlungsschwerpunkt des Rezeptes auf dem Herzen liegt, sind alle Yin-Organe an der Pathogenese dieser Erkrankung durch ihre Verbindung mit den fünf Emotionen beteiligt: Zorn, Freude, Grübeln, Melancholie und Furcht.

Kontraindikation Gravidität

Rezeptur 41 — Tian Wang Bu Xing – Pille des Himmlischen Königs zur Stützung des Funktionskreises Herz

Sheng Di Huang	Rehmannia viride Rx.	12
Ren Shen	Ginseng	6
Fu Ling	Poria albae Sclerotium	6
Dan Shen	Salvia miltiorrhiza Rx.	6
Dang Gui	Angelica sinensis Rx.	6
Yuan Zhi	Polygalae Rx.	6
Bai Zi Ren	Biotae orient. Sm.	9
Mai Men Dong	Ophiopogonis Tb.	9
Tian Men Dong	Asparagi Rx.	9
Xuan Shen	Scrophularia Rx.	6
Wu Wei Zi	Schisandrae Fr.	6
Suan Zao Ren	Zizyphi spinosae Sm.	9
Jie Geng	Platycodi Rx.	6

Wirkungen und Indikationen
Reichert das Yin an, nährt das Blut, tonisiert das Herz und beruhigt den Geist. Bei Herz- und Nieren-Yin-Mangel.

Funktionskreis Herz, Lunge, Niere, Milz, Leber
Temperaturverhalten neutral
Geschmacksrichtung süß, bitter, scharf

Klinische Bemerkung
Reizbarkeit, Palpitationen mit Ängstlichkeit, Erschöpfung, Müdigkeit, Schlaflosigkeit mit sehr unruhigem Schlaf. Das Tier kann sich bei der Arbeit nicht konzentrieren oder scheint vergesslich zu sein und zeigt weiterhin eher trockenen Stuhl; die Zunge ist rot mit wenig Belag, der Puls dünn und beschleunigt. Es können auch entzündete Stellen im Maul und auf der Zunge auftreten, begleitet von niedrigem Fieber und Nachtschweiß. Bei Pferden, die zu Sattelzwang neigen, der eher auf einer psychischen Ursache basiert.

Kann aber auch bei hartnäckiger und chronischer Nesselsucht, die mit Unruhe und Reizbarkeit, Entzündungen der Maulschleimhaut und Erschöpfung einhergehen, eingesetzt werden.

Kontraindikation Gravidität

Blut-Mangel kann sich auch zu Wind transformieren. »Alle schmerzhaften, juckenden Körperstellen stehen mit dem Herz in Verbindung.« (Bensky) Viele behandeln deshalb chronische Urtikaria und chronische Konjunktivitis mit diesem Rezept.

Rezeptur 104   Gan Mai Da Zao Tang – Dekokt mit Süssholz

Gan Cao	Glycyrrhiza ural. Rx.	9
Fu Xiao Mai	Tritici laevis Sm.	15
Da Zao	Zizyphi jujubae Fr.	6

Wirkungen und Indikationen
Nährt das Herz, beruhigt den Geist und harmonisiert den Mittleren Dreifachen Erwärmer.

Funktionskreis Herz, Milz, Magen
Temperaturverhalten neutral
Geschmacksrichtung süß, salzig

Klinische Bemerkung
Lang bestehende Belastungssituationen wie zum Beispiel Tierheimaufenthalte oder ungünstige Haltungsbedingungen erschöpfen das Yin des Herzens und dadurch auch das Leber-Yin. Es kann darüber hinaus auch bei Reizbarkeit und Überreaktionen über einen langen Zeitraum eingenommen werden. Die Zunge ist rot mit spärlichem Belag, der Puls dünn und beschleunigt. Man nennt diesen Zustand ruhelose Organerkrankung. Die Mischung bringt den Shen wieder in sein Haus – das Herz – zurück. Bei diesem Rezept handelt es sich um eine »Küchenmedizin« (Bensky, S. 423) nach dem Motto: »Wenn die Leber in einem bitteren und dringlichen Zustand ist, sollte man schnell süße Nahrungsmittel zu sich nehmen, um diesen Zustand zu mäßigen.« Die Einnahme erfolgt über einen längeren Zeitraum, um die bestmögliche Wirkung zu erzielen.

Kontraindikation keine

Rezeptur 110 Suan Zao Ren Tang – Zizyphus Dekokt

Suan Zao Ren	Zizyphi spinosae Sm.	18
Fu Ling	Poria albae Sclerotium	6
Zhi Mu	Anemarrhena Rz.	6
Chuan Xiong	Ligustici chuanxiong Rz.	6
Gan Cao	Glycyrrhiza ural. Rx.	3

Wirkungen und Indikationen
Nährt das Blut, beruhigt den Geist, beseitigt Hitze und eliminiert Reizbarkeit.

Funktionskreis Herz (Milz)
Temperaturverhalten neutral
Geschmacksrichtung süß

Klinische Bemerkung
Reizbarkeit, Schlaflosigkeit, Palpitationen, Nachtschweiß, trockene Maul- und Rachenschleimhaut, eine trockene, rote Zunge und ein saitenförmiger oder dünner Puls sind klinische Anzeichen für einen Leber-Blut-Mangel mit Leere-Hitze. Wenn die Mutter (Leber) leer ist, hat sie keine ausreichende Energie, um das Kind (Herz) zu nähren. Diese Unterernährung wird von Feuer begleitet, das nach oben in den Thorax aufsteigt und das Herz verstört.

Kontraindikation Gravidität

Bei Herz- und Milz-Leere nimmt man das Rezept zusammen mit dem Dekokt, das die Milz wieder herstellt (Gui Pi Tang, Nr. 20), ein!

Rezeptur 17 — Er Chen Tang – Zweifach behandeltes Dekokt

Ban Xia	Pinelliae praep. Rz.	15
Chen Pi	Citri reticulatae Peric.	15
Fu Ling	Poria Cocos Sclerotium	9
Gan Cao	Glycyrrhiza ural. Rx.	4,5

Wirkungen und Indikationen

Trocknet Nässe, transformiert Schleim, reguliert das Qi und harmonisiert den Mittleren Dreifachen Erwärmer.

Funktionskreis	Lunge, Magen, Milz
Temperaturverhalten	warm
Geschmacksrichtung	süß, scharf

Klinische Bemerkung

Husten mit reichlichem, weißem und leicht löslichem Sputum, eine fokussierte Schwellung und Atemnotgefühl im Thorax und Diaphragma, Palpitationen, Nausea oder Erbrechen. Weiterhin Benommenheit, eine geschwollene Zunge mit einem weißen, dicken, schmierigen Zungenbelag und ein schlüpfriger Puls.

Da der Prozess, der zur Schleimbildung geführt hat, von Nässe und Leere verursacht wurde, ist das Sputum reichlich, weiß und leicht löslich. Schleim beeinträchtigt auch die normale absteigende Funktion des Magen-Qi, was zu Nausea und Erbrechen führt. Die Präsenz von Schleim hindert das klare Yang am Aufsteigen, was zu Schwindel führt. Hintergrund ist ein Qi-Mangel, der den Patienten zur Bildung von Nässe-Schleim prädisponiert (angeschwollene Zunge).

Kontraindikation Gravidität

Rezeptur 2 — 2 Ba Xian Chang Shu Wan – Rehmannia Trank mit Ophiopogonium und Schisandra

Shu Di Huang	Rehmannia rx. Praep.	18
Shan Zhu Yu	Corni Fr.	12
Shan Yao	Dioscorea Rx.	12
Fu Ling	Poria albae Sclerotium	9
Mu Dan Pi	Moutan Cx.	9
Ze Xie	Alismatis Rz.	9
Mai Men Dong	Ophiopogonis Tb.	9
Wu Wei Zi	Schisandrae Fr.	9

Wirkungen und Indikationen
Wird auch »Achtfach Unsterblichkeitspille für Langlebigkeit« genannt. Bei Yin-Mangel mit Husten und Aushusten von Blut und schwankendem Fieber. Dieses Rezept wird für viele verschiedene Zustände, die durch Lungen- und Nieren-Yin-Mangel verursacht werden, verwendet.

Funktionskreis Niere, Herz, Lunge, Leber
Temperaturverhalten neutral
Geschmacksrichtung süß, (bitter)

Klinische Bemerkung
Es handelt sich um eine Variation der Rezeptur Liu Wei Di Huang Wan (Rezeptur Nr. 25), einer klassischen Rezeptur gegen Leber- und Nieren-Yin-Mangel. Die letzten beiden Bestandteile sind zusätzlich hinzugekommen, um einerseits die Psyche zu stärken und andererseits, aufgrund des Yin-Mangels, die Feuchtigkeit weiter zu absorbieren.

Kontraindikation Ze Xie reizt bei langer Anwendung den Gastro-Intestinaltrakt.

Rezeptur 3 Ba Zhen Tang – Acht Schätze Trank

Ren Shen	Ginseng	9
Bai Zhu	Atractylodis macroc. Rz.	12
Fu Ling	Poria albae Sclerotium	12
Gan Cao	Glycyrrhiza ural. Rx.	6
Shu Di Huang	Rehmannia Rx. Praep.	15
Bai Shao	Paeonia albae Rx.	15
Dang Gui	Angelica sinensis Rx.	12
Chuan Xiong	Ligustici chuanxiong Rz.	9

Wirkungen und Indikationen
Tonisiert und vermehrt das Qi und das Blut.

Funktionskreis Milz, Herz, Leber, Lunge
Temperaturverhalten warm
Geschmacksrichtung süß

Klinische Bemerkung
Dieses Rezept ist eine Kombination aus dem »Vier-Gentlemen-Dekokt« (Si Jun Zi Tang, Rezeptur 36) und dem »Vier Arzneien Dekokt« (Si Wu Tang, Rezeptur 37). Es wird gegeben bei Ängstlichkeiten, vermindertem Appetit, Atemnot, leicht ermüdenden Extremitäten, Benommenheit und Schwindelgefühl. Die blasse Zunge zeigt einen weißen Belag. Vor allem bei chronischen Erkrankungen wie z.B. Sommerekzem und Hufrehe oder übermäßigem Blutverlust. Das Krankheitsbild kann auch Frösteln und Fieber, Gewichtsverlust, Abszesse, die weder eitern noch heilen, und kontinuierliche leichte Uterusblutungen aufweisen. Man kann es zusätzlich als Unterstützung bei der westlichen Krebsmedizin einsetzen oder nach der Geburt zur Stärkung des Muttertieres.

Kontraindikation Gravidität (wg. Chuan Xiong)

Rezeptur 6 — Bu Fei San – Dekokt, das die Lunge tonisiert

Ren Shen	Ginseng	9
Huang Qi	Astragali Rx.	24
Shu Di Huang	Rehmannia Rx. Praep.	24
Wu Wei Zi	Schisandrae Fr.	6
Zi Wan	Asteris Rx.	9
Sang Bai Pi	Mori alba Cx.	12

Wirkungen und Indikationen
Vermehrt das Qi und stabilisiert das Äußere.

Funktionskreis Lunge, Herz, Milz, Leber
Temperaturverhalten warm
Geschmacksrichtung süß

Klinische Bemerkung
Es wird eingesetzt bei einer Lungen-Leere (Lungen-Husten): Atemnot, spontanes Schwitzen, gelegentliches Frösteln und Fieber, chronischer Husten, Keuchen, eine blasse Zunge und ein zarter oder leerer und großer Puls. Der Behandlungsschwerpunkt liegt darauf, die Lunge zu tonisieren und hartnäckigen Husten zu lindern.

Kontraindikation Gravidität

Rezeptur 8 — Bu Zhong Yi Qi Tang – Dekokt, das die Mitte tonisiert und das Qi vermehrt

Huang Qi	Astragali Rx.	4
Gan Cao	Glycyrrhiza ural. Rx.	2
Ren Shen	Ginseng	3
Dang Gui	Angelica sinensis Rx.	4
Sheng Ma	Cimicifuga Rz.	2
Chai Hu	Bupleuri Rx.	3
Bai Zhu	Atractylodis macroc. Rz.	4
Chen Pi	Citri reticulatae Peric.	9

Wirkungen und Indikationen

Tonisiert das Qi des Mittleren Dreifachen Erwärmers und lässt abgesunkenes Yang aufsteigen. Bei Milz- und Magen-Qi-Mangel. Absinkendes Yang bedeutet Uterus-, Rektumprolaps, chronischer Durchfall, chronische dysenterische Erkrankungen, Inkontinenz und Blutungserkrankungen.

Funktionskreis Lunge, Milz, Magen, Herz
Temperaturverhalten warm
Geschmacksrichtung süß, bitter, scharf

Klinische Bemerkung

In dieser Rezeptur ist wieder das »Vier-Gentlemen-Dekokt« (Si Jun Zi Tang, Rezeptur 36) enthalten. Es wird eingesetzt bei intermittierendem Fieber, das sich bei Anstrengung verschlimmert, spontanem Schwitzen, Abneigung gegen Kälte, Atemnot, eine Tendenz, sich zusammenzurollen, schwache Gliedmaßen, ungeformter, wässriger Kot; die Zunge ist blass, mit dünnem weißem Belag und es zeigt sich ein generell überfließender, leerer Puls. Es eignet sich auch hervorragend zur Behandlung vieler Fieberarten (Fieber ohne bekannte Ursache). Es darf auch älteren und geschwächten Tieren gegeben werden, die Fellwechselprobleme haben oder trockenen Husten zeigen.

Kontraindikation Ist bei Fieber kontraindiziert, welches durch aus Yin-Mangel entstandener Hitze verursacht wurde. Es ist auch wichtig, daran zu denken, dass das Rezept nicht für alle Prolapsfälle, sondern nur für solche, die durch Qi-Mangel verursacht werden, indiziert ist!

Rezeptur 18 — Er Xian Tang – Trank der zwei Unsterblichen

Xian Mao	Curculiginis orchioidis Rz.	9
Yin Yang Huo	Epimedii Hb.	9
Ba Ji Tian	Morindae off. Rx.	6
Huang Bai	Phellodendri Cx.	6
Zhi Mu	Anemarrhena Rz.	6
Dang Gui	Angelica sinensis Rx.	6

Wirkungen und Indikationen
Wärmt das Nieren-Yang, tonisiert die Nieren-Essenz, lässt Feuer aus den Nieren abfließen und reguliert den Chong- und Ren-Mai.

Funktionskreis Niere, Leber
Temperaturverhalten neutral
Geschmacksrichtung süß, scharf, bitter

Klinische Bemerkung
Läufigkeits- und Rossestörungen wie Amennorrhoe (fehlende Läufigkeit oder Rosse), Hitzewallungen, Schwitzen, Nervosität, Müdigkeit, Lustlosigkeit, Depressionen, Reizbarkeit, Schlaflosigkeit, häufige Miktion. Auch für andere chronische Erkrankungen mit dem Krankheitsbild eines Nieren-Yin- und Yang-Mangels und Aufflammen von Leere-Hitze. Es ist ein kompliziertes Muster und kann sich mit ziemlich komplexen Symptommustern präsentieren. Auch andere Hypertonien können damit behandelt werden (Nephritis, Pyelonephritis, Augendruck). Hilft auch bei Blasen- und Nierenentzündungen.

In diesem Rezept befinden sich stärkende Arzneien fürs Yang, Yin und solche, die das Feuer abfließen lassen.

Kontraindikation Gravidität

Rezeptur 19   Gui Pi Tang – Milztrank

Ren Shen	Ginseng	6
Huang Qi	Astragali Rx.	12
Bai Zhu	Atractylodis macroc. Rz.	12
Fu Ling	Poria Cocos Sclerotium	9
Dang Gui	Angelica sinensis Rx.	9
Suan Zao Ren	Zizyphi spinosae Sm.	12
Long Yuan Rou	Euphoriae longanae Arillus	6
Yuan Zhi	Polygalae Rx.	6
Sheng Jiang	Zingiberis recens Rz.	6
Da Zao	Zizyphi jujubae Fr.	3
Mu Xiang	Aucklandiae/ sausssureae Rx.	6

Wirkungen und Indikationen

Vermehrt das Qi, tonisiert das Blut, stärkt die Milz und nährt das Herz.

Funktionskreis	Milz, Herz, Magen, Lunge
Temperaturverhalten	warm
Geschmacksrichtung	süß, scharf

Klinische Bemerkung

Vergesslichkeit, Palpitationen, Schlaflosigkeit, Alpträume, Ängste und Phobien, Fiebrigkeit, Zurückgezogenheit, verminderter Appetit. Die Zunge ist blass, mit einem dünnen weißen Belag. Weiterhin zeigt sich ein dünner, zarter Puls.

Durch die Milzproblematik entsteht ein Blutverlust, der dazu führt, dass das Herz nicht mehr richtig ernährt wird. Es kommt zu Palpitationen, Angstzuständen, Phobien. Blut-Mangel verursacht Fiebrigkeit, die mit Leere-Hitze assoziiert ist.

Es handelt sich um eine Modifikation des »Vier-Gentlemen-Dekoktes« (Si Jun Zi Tang, Rezeptur 36) und dem »Radix Angelica sinensis-Dekokt« (Dan Gui Bu Xue Tang) zur Tonisierung des Blutes.

Chinesische Krankheitsbilder, die damit behandelt werden können, sind ruheloser Herz-Geist, Qi- und Blutmangel, Unfähigkeit der Milz, das Blut zu kontrollieren.

Kontraindikation Gravidität

REZEPTUR 22 — JIN GUI SHEN QI WAN – PILLE FÜR DAS NIEREN-QI (AUS GOLDEN CABINET)

Sheng Di Huang	Rehmannia viride Rx.	24
Shan Zhu Yu	Corni Fr.	12
Shan Yao	Dioscorea Rx.	12
Fu Zi	Aconitum carmichaeli praep.	3
Gui Zhi	Cinnamomi cassia Rm.	9
Fu Ling	Poria Cocos Sclerotium	9
Mu Dan Pi	Moutan Cx.	9
Ze Xie	Alismatis Rz.	9

Wirkungen und Indikationen

Wärmt und tonisiert das Nieren-Yang, um Nieren-Qi entstehen zu lassen. Klassischer Nieren-Yang-Mangel mit ungenügendem Feuer des Tores der Vitalität. Tonisiert das Jing.

Funktionskreis Niere, Herz, Lunge, Milz, Leber, Blase

Temperaturverhalten neutral

Geschmacksrichtung süß, bitter, scharf

Klinische Bemerkung

Schmerzen im unteren Rückenbereich, »kalter Rücken«, Schwäche der unteren Extremitäten (angelaufene, kalte und kraftlose Beine), ein Kältegefühl im Unterkörper, ein gespanntes Abdomen, Schwierigkeiten beim Wasserlassen (chronische Blasen- und Nierenentzündung), eine blasse, geschwollene Zunge mit einem dünnen, weißen und feuchten Belag und ein leerer oder zarter Puls. Für alle Zustände, die sich in einer Unterbrechung des Wassermetabolismus zeigen. Aufgrund des Alters können auch chronische Atembeschwerden oder eine feuchte, rasselnde Atmung zu finden sein. Die Mischung beruhigt auch den Hustenreiz. Oft kann sie bei einer Hypothyreose eingesetzt werden.

Das Rezept ist elegant ausgewogen, ohne zu übersättigen, wärmt, ohne Trockenheit zu erzeugen, tonisiert den Yin-Mangel, um die Erzeugung von Qi zu fördern und hilft dem Yang bei der Transformation von Wasser. Es stellt somit die Kapazität der Nieren wieder her.

Kontraindikation Gravidität, Hyperthyreose

Herzinsuffizienz abklären lassen!

Rezeptur 25 Liu wei di huang Tang – Rehmannia Pille der sechs Geschmacksrichtungen

Shu Di Huang	Rehmannia rx. Praep.	12
Shan Zhu Yu	Corni Fr.	9
Shan Yao	Dioscorea Rx.	9
Fu Ling	Poria Cocos Sclerotium	6
Mu Dan Pi	Moutan Cx.	6
Ze Xie	Alismatis Rz.	6

Wirkungen und Indikationen
Reichert das Yin an und tonisiert die Niere, bei Leber- und Nieren-Yin-Mangel.

Funktionskreis	Niere, Herz, Milz, Lunge
Temperaturverhalten	neutral
Geschmacksrichtung	süß

Klinische Bemerkung
Schmerzen und Schwäche im unteren Rückenbereich, Benommenheit, ein vermindertes Hörvermögen, Nachtschweiß. Chronisch trockener und entzündeter Rachen, Zahnschmerzen sowie Schwindsucht und Dursterkrankungen würden auch dazu passen. Klinisch zeigen sich weiterhin Erschöpfungszustände oder trockene Haut, Juckreiz, Harnwegsentzündungen, Diabetes, Gewichtsverlust oder ständiger Hunger. Die Zunge ist rot mit wenig Belag, der Puls beschleunigt und dünn.

Es kann weiterhin eingesetzt werden bei offenen Fontanellen, fehlender Lebhaftigkeit beim Neugeborenen. Dieses Rezept ist eine Variation der Nieren-Qi-Pille aus Golden Cabinet (Rezeptur 22).

Kontraindikation Bei langer Anwendung kann es aufgrund von Ze Xie zu Reizungen des Gastrointestinaltraktes kommen.

In den ersten Tagen kann es zu leichter Verstopfung kommen.
Das Rezept hat eine stark überstättigende Natur und sollte daher bei Patienten mit Milz-Leere (z.B. Durchfallneigung) – wenn überhaupt – mit Vorsicht angewendet werden.

REZEPTUR 28 — QI BAO MEI RAN DAN – PILLE DER SIEBEN KOSTBARKEITEN FÜR EINEN SCHÖNEN BART

He Shou Wou	Polygoni	30
Fu Ling	Poria Cocos Sclerotium	15
Niu Xi	Achyranthis bidentati Rx.	15
Dang Gui	Angelica sinensis Rx.	15
Gou Qi Zi	Lycii Fr.	15
Tu Si Zi	Cuscutae Sm.	15
Bu Gu Zi	Psoraleae Fr.	12

Wirkungen und Indikationen
Tonisiert das Nieren-Yin und nährt das Leber-Blut.

Funktionskreis Niere, Leber, Milz
Temperaturverhalten neutral
Geschmacksrichtung süß, bitter, scharf

Klinische Bemerkung
Dieses Rezept verwendet man bei einem vorzeitigen Ergrauen der Haare oder Haarausfall, lockeren Zähnen, Schmerzen und Schwächen im unteren Rückenbereich, in den Kniegelenken und der hinteren Wirbelsäule. Es handelt sich um eine Anfangsrezeptur, die nicht zur Dauergabe geeignet ist. Längerfristig kann auf Si Jun Zi Tang (Rezeptur 36) umgestiegen werden.

Kontraindikation Gravidität.
Durch Bu Gu Zi ensteht eine Photosensibilität der Haut.

Das Rezept hat eine stark überstättigende Natur und sollte daher bei Patienten mit Milz-Leere (z.B. Durchfallneigung) – wenn überhaupt – mit Vorsicht angewendet werden.

Rezeptur 29 Qi Ju Di Huang Wan – Rehmannia Pille mit Lycium und Chrysanthemum

Shu Di Huang	Rehmannia Rx. Praep.	12
Shan Zhu Yu	Corni Fr.	9
Shan Yao	Dioscorea Rx.	12
Fu Ling	Poria Cocos Sclerotium	6
Mu Dan Pi	Moutan Cx.	6
Ze Xie	Alismatis Rz.	6
Gou Qi Zi	Lycii Fr.	6
Ju Hua	Chrysanthemum Fl.	6

Wirkungen und Indikationen
Nährt das Yin und tonisiert die Nieren, klärt die Augen.

Funktionskreis Niere, Leber, Lunge, Herz, Milz
Temperaturverhalten neutral
Geschmacksrichtung süß

Klinische Bemerkung
Bei Leber- und Nieren-Yin-Mangel mit Augentrockenheit, abgeschwächtem Sehvermögen, Photophobie, Tränenfluss bei Windexposition, Headshaker.

Kontraindikation Ze Xie reizt bei langer Anwendung den Gastro-Intestinaltrakt.

Das Rezept hat eine stark überstättigende Natur und sollte daher bei Patienten mit Milz-Leere (z.B. Durchfallneigung) – wenn überhaupt – mit Vorsicht angewendet werden.

REZEPTUR 33 — SHEN LING BAI ZHU SAN – PULVER MIT GINSENG, PORIA UND ATRACTYLODIS

Ren Shen	Ginseng	6
Bai Zhu	Atractylodis macroc. Rz.	9
Fu Ling	Poria albae Sclerotium	9
Gan Cao	Glycyrrhiza ural. Rx.	6
Shan Yao	Dioscorea Rx.	9
Bian Dou	Dolichoris lablab Sm.	6
Lian Zi	Nelumbinis Sm.	6
Yi Yi Ren	Coicis Sm.	6
Sha Ren	Amomi villosi Fr.	6
Jie Geng	Platycodi Rx.	6

Wirkungen und Indikationen
Stärkt Milz-Qi, löst Feuchtigkeit auf und beendet Diarrhoe. Symptome eines Milz-Qi-Mangels, der zu innerer Nässe führt.

Funktionskreis Milz, Lunge, Magen
Temperaturverhalten neutral-warm
Geschmacksrichtung süß

Klinische Bemerkung
Einzusetzen bei einem Milz-Qi-Mangel mit Feuchtigkeitsretention, weichen Stühlen, Diarrhoe oder Erbrechen, Appetitverlust, Schwäche der Extremitäten, Gewichtsverlust, Völlegefühl im Thorax und Epigastrium. Die Zunge ist blass mit einem weißen Belag, der Puls dünn, langsam oder leer.

Das Rezept ist sehr ausgewogen und wärmt, ohne trocknend zu wirken. Es kann auch als Grundlage für die Behandlung von chronischem Husten mit reichlichem Sputum aufgrund von Lungen-Leere verwendet werden.

Kontraindikation Nicht im 3. Trimenon der Gravidität.

Diese Anwendung nennt man »die Erde kultivieren, um Metall zu erzeugen«, d.h. die Mutter stärken, damit das Kind gestärkt wird.
Vorsicht bei Lian Zi, da es zu Herzrhythmusstörungen führen kann.

Rezeptur 36 — Si Jun Zi Tang – Trank der vier Edlen / Vier Gentleman Dekokt

Ren Shen	Ginseng	9
Bai Zhu	Atractylodis macroc. Rz.	6
Fu Ling	Poria albae Sclerotium	6
Gan Cao	Glycyrrhiza ural. Rx.	3

Wirkungen und Indikationen

Tonisiert das Qi und stärkt die Milz.

Funktionskreis	Milz, Magen, Herz, Lunge
Temperaturverhalten	warm
Geschmacksrichtung	süß

Klinische Bemerkung

Verminderter Appetit, ungeformter Stuhl und schwache Gliedmaßen. Die Zunge ist blass, der Puls dünn und leer. Dies sind klassische Symptome eines Milz-Qi-Mangels, der gewöhnlich durch schlechte Essgewohnheiten oder Überarbeitung verursacht wird.

Ren Shen	das Milz-Qi-Tonikum
Bai Zhu	stärkt die Milz und trocknet Nässe; diese beiden Arzneien arbeiten synergistisch und verbessern dadurch die Transport- und Transformationsfunktionen der Milz
Fu Ling	lässt Nässe abfließen, stärkt auch die Milz
Gan Cao	wärmt und reguliert den Mittleren Dreifachen Erwärmer

Kontraindikation Wenn das Rezept zu lange verwendet wird, können dadurch ein trockenes Maul, Durst und Reizbarkeit entstehen. In Fällen mit Fieber, leerer Hitze oder einer Kombination aus Reizbarkeit, Durst und Obstipation sollte es nie ohne Modifizierung verwendet werden.

Dieses Rezept ist eine der grundlegenden Verschreibungen zur Tonisierung des Qi. Es ist harmonisch und gemäßigter Natur, wirkt sanft und ausgleichend bei Energiemangel, körperlicher Schwäche, Kraftlosigkeit und Konzentrationsmangel, Heißhunger, Durchfällen sowie nach Operationen zur schnelleren Rehabilitation. Es unterstützt den Funktionskreis Milz als Basismodul in hervorragender Art und Weise.

Rezeptur 37 — Si Wu Tang – Trank der vier Bestandteile/ Vier-Arzneien Dekokt

Shu Di Huang	RehmanniaRx. Praep.	12
Bai Shao	Paeonia albae Rx.	9
Dang Gui	Angelica sinensis Rx.	9
Chuan Xiong	Ligustici chuanxiong Rz.	6

Wirkungen und Indikationen
Tonisiert das Blut und reguliert die Leber.

Funktionskreis Leber, Niere, Herz, Milz
Temperaturverhalten neutral
Geschmacksrichtung süß

Klinische Bemerkung
Trockene Augen, glanzlose, weiche, trockene, brüchige Hufe und Krallen, unregelmässige Rosse und Läufigkeit, Schmerzen um den Nabel herum und im unteren Abdomen (durch Blutstase), Schlafstörungen. Die Zunge ist blass, der Puls saitenförmig oder dünn und abgehackt. Die Symptome ergeben ein Blut-Mangel-Bild, bei dem hauptsächlich die Leber betroffen ist. Bei Leber-Blut-Mangel kann das Blut nicht aufsteigen und den Kopf mit Nahrung versorgen, es kommt zu Schwindel, Unterversorgung der Augen und der assoziierten Gewebe (Sehnen). Wenn Nabel- und Abdomenschmerzen bei der Rosse auftreten, dann eher zu Anfang, was auf die Stase und die Leere des Blutes im Uterus zurückzuführen ist. Der gleiche Prozess kann auch zu harten abdominalen Massen mit häufigen Schmerzen, zu einem ruhelosen Fötus oder Lochiorrhoe führen. Das Herz ist ebenfalls auf Leber-Blut angewiesen: bei Blutmangel entstehen Palpitationen.

Diese Verschreibung ist ein grundlegendes Rezept zur Tonisierung des Blutes und Regulierung der Rosse/Läufigkeit. Man kann es durch Modifikation zur Behandlung einer Vielzahl von Problemen verwenden, die mit gynäkologischen Problemen assoziiert sind.

Kontraindikation Gravidität

Nicht zur Behandlung von akutem Blutverlust oder anderen Blut-Mangel-Problemen verwenden, einschließlich starker Schwäche und erschwerter Atmung! Dort nach dem Leitsatz: »Tonisiere das Qi bei Erschöpfung des Blutes« vorgehen.

Rezeptur 40 — Tai Shan pan Shi san – Pulver, das die Stabilität eines Felsens verleiht

Ren Shen	Ginseng	3
Huang Qi	Astragali Rx.	3
Xu Duan	Dipsaci Rx.	3
Huang Qin	Scutellaria Rx.	3
Chuan Xiong	Ligustici chuanxiong Rz.	2,4
Shu Di Huang	Rehmannia Rx. Praep.	2,4
Bai Shao	Paeonia albae Rx.	2,4
Bai Zhu	Atractylodis macroc. Rz.	6
Gan Cao	Glycyrrhiza ural. Rx.	1,5
Sha Ren	Amomi villosi Fr.	1,5

Wirkungen und Indikationen

Vermehrt das Qi, stärkt die Milz, nährt das Blut und beruhigt den Fetus.

Funktionskreis Milz, Magen, Leber
Temperaturverhalten warm
Geschmacksrichtung süß, bitter

Klinische Bemerkung

Für tragende Stuten mit Qi- und Blut-Mangel und einem ruhelosen Fötus oder Zeichen einer drohenden Fehlgeburt. Begleitzeichen und Symptome sind blasse Schleimhäute, Müdigkeit, Appetitverlust. Die Zunge ist blass mit dünnem Belag, der Puls zart, versteckt. Das Rezept eignet sich auch für Stuten, die tragend werden sollen und einen Qi- oder Blut-Mangel haben.

Gegen drohenden Abort wird es gewöhnlich einmal pro Woche vom zweiten bis vierten oder fünften Monat eingenommen.

REZEPTUR 42 TOU NONG SAN – PULVER, DAS DEN EITER NACH AUSSEN GELANGEN LÄSST

Huang Qi	Astragali Rx.	12
Dang Gui	Angelica sinensis Rx.	6
Chuan Xiong	Ligustici chuanxiong Rz.	9
Zao Jiao Ci	Spina gleditsiae sinsensis	4,5
Tian Hua Fen	Trichosanthis Rx.	6
Pu Gong Ying	Taraxacum mongol. Hb.cum Rx.	6

Wirkungen und Indikationen
Treibt Toxine nach außen und leitet Eiter ab.

Funktionskreis Leber, Magen, Milz,
Temperaturverhalten neutral
Geschmacksrichtung süß, bitter, scharf

Klinische Bemerkung
Bei chronisch purulenten Abszessen, die aber nicht so leicht aufbrechen und sich entleeren. Der Zustand wird gewöhnlich von lokalen Schmerzen, Schwellungen und Hitze begleitet. Aufgrund der Qi-Leere ist dieses nicht in der Lage, das Toxin nach außen zu treiben und Eiter auszustoßen, der sich unter der Haut sammelt. Dadurch bilden sich chronische Abszesse. Die Retention von Toxin verursacht Schmerzen, Schwellungen und Hitze. In der Fertigarznei ist Spina gledsidiae sinensis (Zao jiao Ci) enthalten – Schuppe eines chinesischen Schuppentieres. Hier wurde sie ersetzt durch Pu Gong Ying.

Kontraindikation Gravidität

Rezeptur 47 You Gui Wan – Nach rechts drehender Trank/Pille für die Rechte Niere

Fu Zi	Aconitum carmichaeli praep.	5
Rou Gui	Cinnamomi cassia Cx.	5
Lu Rong	Cornu cervi	9
Shu Di Huang	Rehmannia Rx. Praep.	9
Shan Zhu Yu	Corni Fr.	6
Shan Yao	Dioscorea Rx.	6
Gou Qi Zi	Lycii Fr.	6
Tu Si Zi	Cuscutae Sm.	6
Du Zhong	Eucommiae Cx.	6
Dang Gui	Angelica sinensis Rx.	6

Wirkungen und Indikationen
Wärmt und stärkt das Nieren-Yang, vermehrt das Jing, nährt das Blut.

Funktionskreis Niere, Leber, Lunge
Temperaturverhalten warm
Geschmacksrichtung süß, scharf

Klinische Bemerkung
Bei Nieren-Yang-Mangel mit mangelndem Feuer im Mingmen (= Abnahme des pränatalen Erbgutes, Jing), wodurch das Feuer des Tores der Vitalität abnimmt. Milz und Magen brauchen aber das Feuer für ihre Arbeit. Wenn es nicht vorhanden ist, ist die »Kochstelle« kalt und leer. Es entsteht pathogenes Wasser mit Ödembildung und Harninkontinenz. Weiterhin zeigt der Patient Kälteaversion, kalte Extremitäten, weiche Stühle mit unverdauten Nahrungsbestandteilen, Schmerzen und Schwächen in der Lumbalgegend und in den Knien, Impotenz, Sterilität. Wird morgens gegeben (für das Yang des Tages) und gerne mit Zuo Gui Wan (Rezeptur 51, dieses dann abends geben) kombiniert. Es ist eine Rezeptur-Kombination, die sehr gerne bei älteren Patienten oder nach langen chronischen Krankheiten gegeben wird. Gutes Einsatzgebiet ist auch der »Nierenhusten«.

Kontraindikation Gravidität

Rezeptur 51 — Zuo Gui Wan – Nach links gehende Pille/ Pille für die Linke Niere

Shu Di Huang	Rehmannia Rx. Praep.	12
Shan Yao	Dioscorea Rx.	6
Shan Zhu Yu	Corni Fr.	6
Gou Qi Zi	Lycii Fr.	6
Tu Si Zi	Cuscutae Sm.	6
Lu Rong	Cornu cervi	6
Gui Ban	Plastrum testudinis	6
Niu Xi	Achyranthis bidentati Rx.	4,5

Wirkungen und Indikationen
Nährt das Yin und stärkt die Nieren, vermehrt Jing, stärkt das Mark.

Funktionskreis Niere, Leber, Lunge
Temperaturverhalten warm
Geschmacksrichtung süß

Klinische Bemerkung
Mangel-Syndrom der Nieren, Mangel an Jing und Mark (Sui), Schmerzen und Schwäche in der Lumbalgegend und in den Beinen, Spontanschweiß am ganzen Körper, Maul- und Rachentrockenheit, Durst. Die Zunge ist rot mit wenig Belag, der Puls dünn und schnell. Bei diesem Rezept handelt es sich um eine Modifizierung der Rezeptur 25 Liu Wei Di Huang Wan. Die vorliegende Rezeptur behandelt direkt tonisierend und kann nur zur Behandlung relativ reiner Leerezustände mit wenig Feuer verwendet werden, wohingegen Nr. 25 Leere-Feuer ableitet.

Kontraindikation Gravidität

Es wird mit You Gui Wan (Rezeptur 47) gerne in Kombination gegeben, z.B. auch gegen »Nierenhusten«.

Rezeptur 101 Ba Zhen Yi Mu Wan – Acht Schätze Pille für Mütter

Ren Shen	Ginseng	30
Bai Zhu	Atractylodis macroc. Rz.	30
Fu Ling	Poria albae Sclerotium	30
Chuan Xiong	Ligustici chuanxiong Rz.	30
Dang Gui	Angelica sinensis Rx.	60
Shu Di Huang	Rehmannia Rx. Praep.	60
Gan Cao	Glycyrrhiza ural. Rx.	15
Bai Shao	Paeonia albae Rx.	30
Yi Mu Cao	Leonuri Hb.	120

Wirkungen und Indikationen

Tonisiert und vermehrt das Qi und das Blut.

Funktionskreis Milz, Herz, Niere
Temperaturverhalten neutral
Geschmacksrichtung süß, bitter

Klinische Bemerkung

Das Rezept ist eine Modifizierungt des Ba Zhen Tang, das aus dem Vier-Gentlemen-Dekokt und dem Vier-Arzneien-Dekokt besteht. Zusätzlich belebt dieses Rezept das Blut und tonisiert die Leere. Bei Qi- und Blut-Mangel mit Blutstase, die zu Problemen wie einer unregelmäßigen Läufigkeit führen. Begleitzeichen sind verminderter Appetit, leicht ermüdende Extremitäten, Schmerzen im unteren Rückenbereich und Spannungsgefühl im Abdomen. Das Rezept kann auch bei Unfruchtbarkeit und einem ruhelosen Fötus verwendet werden. Es stärkt die tragenden Patientinnen vor und während der Trächtigkeit.

REZEPTUR 4 — BAO HE WAN – HARMONIE SCHÜTZENDE PILLE

Shan Zha	Crataegi Fr.	15
Shen Qu	Massa fermentata	12
Lai Fu Zi	Raphani Sm.	9
Chen Pi	Citri reticulatae Peric.	9
Ban Xia	Pinelliae praep. Rz.	12
Fu Ling	Poria albae Sclerotium	9
Lian Qiao	Forsythiae Fr.	6

Wirkungen und Indikationen
Vermindert Nahrungsstagnation und harmonisiert den Magen.

Funktionskreis Magen, Lunge, Milz
Temperaturverhalten warm
Geschmacksrichtung scharf, süß, (bitter)

Klinische Bemerkung
Es setzt sich aus relativ mild wirkenden, harmonischen Arzneien zusammen. Ein fokussiertes Spannungsgefühl und Völle im Thorax und Epigastrium, eine abdominale Schwellung mit gelegentlichen Schmerzen, übelriechendes Aufstoßen, saure Regurgitation, Übelkeit und Erbrechen, eventuell mit Durchfall. Durch verdorbene Nahrungsmittel (schimmeliges Futter) oder bei Überfressen/- trinken, so dass Milz und Magen geschwächt wurden. Der gelbe Zungenbelag reflektiert die Präsenz von Hitze im Inneren, die durch die Einschnürung aufgrund der Nahrungsstagnation verursacht wird.

Kontraindikation Gravidität

REZEPTUR 5 BREATH-EASER – TRANK FÜR LEICHTEN ATEM

Ge Jie	Gecko Gecko	6
Ren Shen	Ginseng	6
Jie Geng	Platycodi Rx.	24
Bai He	Lilii Bl.	21
Di Long	Lumbricus	9
Chuan Bei Mu	Fritillaria chirrhosae Bl.	15
Wu Wei Zi	Schisandrae Fr.	3
Mai Men Dong	Ophiopogonis Tb.	12
Zhe Bei Mu	Fritillaria thunbergii Bl.	15

Ersatz für Ge Jie:

Xing Ren	Armenicacae Sm.	6
Ting Li Zi	Descurainiae Sm.	6

Wirkungen und Indikationen
Stärkt das Lungen- und Nieren-Qi, nährt das Lungen-Yin, stoppt Asthma und Husten.

Funktionskreis Lunge, Herz, Niere, Milz
Temperaturverhalten neutral - kühl
Geschmacksrichtung bitter, süß

Klinische Bemerkung
Der Einsatz in der Tiermedizin: bei Dyspnoe, Asthma und Husten, die aus einer Lungen- und Nieren-Leere resultieren. Der Puls ist tief und schwach, die Zunge blass und geschwollen. Die Gabe kann, wenn benötigt, über 3 Monate gehen.

Kontraindikation Gravidität.
Die Gabe sofort einstellen, wenn der Patient Durchfall, Erbrechen oder andere ungewöhnliche Auffälligkeiten zeigt.

In der Literatur wird 2 x 15 g als Tagesdosis vorgeschlagen. Ich persönlich finde, dass 2 x 5 g als Dauergabe ausreichend sind.

REZEPTUR 13 — DING CHUAN TANG – KEUCHEN STABILISIERENDER TRANK

Su Zi	Perillae frutescens Fr.	6
Gan Cao	Glycyrrhiza ural. Rx.	3
Zi Wan	Asteris Rx.	9
Sang Bai Pi	Mori alba Cx.	9
Huang Qin	Scutellaria Rx.	3
Ban Xia	Pinelliae praep. Rz.	9
Ma Huang	Ephedrae Hb.	9
Yin Xing Ye	Ginkgo biloba Fo.	9

Wirkungen und Indikationen
Verteilt das Lungen-Qi und leitet es in die richtige Richtung, stoppt Keuchen, beseitigt Hitze und transformiert Schleim.

Funktionskreis Lunge
Temperaturverhalten neutral-warm
Geschmacksrichtung bitter, scharf, süß (ausgewogen)

Klinische Bemerkung
Husten und Keuchen mit reichlich dickem, gelbem Sputum, erschwerter Atmung, einem schmierigen, gelben Zungenbelag und einem schlüpfrigen, beschleunigten Puls. Eventuell mit Fieber und Frösteln einhergehend. Bei Patienten, die zum Milz-Typ gehören, übermäßig verschleimt sind und an Wind-Kälte erkranken, z.B. an chronischer Bronchitis, Asthma bronchiale und Bronchiolitis.

Kontraindikation Gravidität.
Cave: wegen Ephedrae Hb. dopingrelevant

Für noch bessere Wirkung würde man den in der Originalrezeptur aufgeführten Sm. pruni armeniacae (Xing Ren – 4,5g) beifügen, weil er die Wirkung von Ma Huang, die Lungen zu erweitern und das Keuchen zu stoppen, unterstützt.

Rezeptur 111 — Su Zi Jiang Qi Tang – Perilla Dekokt zur Absenkung des Qi

Su Zi	Perillae frutescens Fr.	75
Ban Xia	Pinelliae praep. Rz.	75
Dang Gui	Angelica sinensis Rx.	45
Gan Cao	Glycyrrhiza ural. Rx.	60
Hou Po	Magnolia Cx.	30
Qian Hu	Peucedani Rx.	30
Rou Gui	Cinnamomi cassia Cx.	45

Wirkungen und Indikationen
Leitet rebellierendes Qi nach unten, stoppt Keuchen, stoppt Husten und wärmt und transformiert Schleim-Kälte.

Funktionskreis Lunge, Milz
Temperaturverhalten warm
Geschmacksrichtung scharf

Klinische Bemerkung
Husten und Keuchen mit reichlichem und wässrigem, weißem Sputum, ein Atemnotgefühl im Thorax und Diaphragma, Atemnot, die von erschwerter Einatmung und leichter Ausatmung gekennzeichnet ist. Es können auch Schmerzen und eine Schwäche im unteren Rückenbereich und in den Beinen, Ödeme in den Extremitäten und/oder Müdigkeit auftreten. Dieser Zustand wird auch als »Fülle im Oberen« (Schleim, Kälte) und »Leere im Unteren« (Nieren können das Qi nicht halten, Wasser in den Beinen) bezeichnet. Es wird gegeben bei müden, abgeschlagenen Tieren mit blasser Zunge, deren Atembeschwerden im Winter zunehmen. In dieser Zeit nehmen bei alten Tieren auch die Bewegungseinschränkungen zu.

Kontraindikation Das Rezept eignet sich **nicht** zur Behandlung von Lungen- und Nieren-Leere **ohne** einen äußerlich zugezogenen pathogenen Einfluss und zur Behandlung von Fällen mit Keuchen und produktivem Husten aufgrund von **Lungen-Hitze**!

Rezeptur 7 — Bu Huang Jin Zheng Qi San – Pulver, das das Qi ausrichtet und mehr wert ist als Gold

Cang Zhu	Atractylodis lanceae Rz.	6
Hou Po	Magnolia Cx.	6
Chen Pi	Citri reticulatae Peric.	6
Gan Cao	Glycyrrhiza ural. Rx.	6
Huo Xiang	Agastaches Hb.	6
Ban Xia	Pinelliae praep. Rz.	6
Sheng Jiang	Zingiberis recens Rz.	3
Da Zao	Zizyphi jujubae Fr.	3

Wirkungen und Indikationen

Es trocknet Nässe, transformiert Trübheit, leitet rebellierendes Qi nach unten und stoppt Erbrechen. Bei von außen zugezogenen, »plötzlich tumultartigen Erkrankungen«, die durch Fieber und Frösteln, Erbrechen, Durchfall und abdominale Schwellungen und Fülle gekennzeichnet werden.

Funktionskreis Magen, Milz, Lunge
Temperaturverhalten warm
Geschmacksrichtung bitter, aromatisch

Klinische Bemerkung

Dieses Rezept ist eine Modifikation des »Beruhige den Magen-Pulvers« (Ping Wei San, Rezeptur Nr. 55). Es ist besser dazu in der Lage, trübe Nässe zu transformieren und das Qi zu regulieren. Dazu werden Huo Xiang und Sheng Jiang beigegeben.

Rezeptur 15 — Du Huo Ji Sheng Tang – Trank mit Angelica pubescens

Du Huo	Angelica pubescentis Rx.	9
Fang Feng	Ledebouriellae Rx.	6
Qin Jiao	Gentiana qinjiqo Rx.	6
Sang Ji Sheng	Loranthi Ram./ mori seu visci lithospermi	6
Du Zhong	Eucommiae Cx.	6
Rou Gui	Cinnamomi cassia Cx.	6
Dang Gui	Angelica sinensis Rx.	6
Chuan Xiong	Ligustici chuanxiong Rz.	6
Shu Di Huang	Rehmannia Rx. Praep.	6
Bai Shao	Paeonia albae Rx.	6
Ren Shen	Ginseng	6
Fu Ling	Poria Cocos Sclerotium	6
Gan Cao	Glycyrrhiza ural. Rx.	6
Niu Xi	Achyranthis bidentati Rx.	6
Xi Xin	Asari cum Radice Hb.	6

Wirkungen und Indikationen

Eliminiert Wind-Nässe, zerstreut schmerzhafte Blockaden, tonisiert Leere, bei Leber- und Nieren-Leere.

Funktionskreis Leber, Lunge, Herz, Niere

Temperaturverhalten neutral

Geschmacksrichtung süß, bitter

Klinische Bemerkung

Ein Schweregefühl und fixierte Schmerzen im unteren Rückenbereich und in den unteren Extremitäten, die von Schwäche und Steifheit, Abneigung gegen Kälte und Verlangen nach Wärme begleitet werden. Krankheitsbilder sind Spat und Hufrollenentzündung beim Pferd, Kälte-Bi mit Rückenschmerzen, Steifheit der Bewegungen und chronische Schmerzen oder Hüftdysplasie beim Kleintier. Zusätzlich Atemnot, blasse Zunge mit weißem Belag, dünner, schwacher Puls, eventuell Parästhesien. Der untere Rücken und die unteren Extremitäten sind die Provinz der Nieren. Das Knie ist die Provinz der Sehnen und wird daher mit der Leber assoziiert. Eine chronische schmerzhafte Blockade kann zu einer Leere dieser Organe führen. Tiere, die an Nieren-Leere leiden, neigen besonders zu Problemen mit den Gelenken in den unteren Extremitäten. Ist häufig mit Nieren-Yang-Mangel gekoppelt (Abneigung gegen Kälte, Verlangen nach Wärme).

Wird oft zur Behandlung von schmerzhaften Blockaden der Sehnen und Knochen, aber auch zur Behandlung von Atrophieerkrankungen (Wei-Syndrom) verwendet, die durch den Abbau der unteren Extremitäten charakterisiert sind.

Kontraindikation Gravidität

Rezeptur 23 — Juan Bi Tang – Bi Blockaden Löser

Qiang Huo	Notopterygii Rz. et Rx.	9
Jiang Huan	Curcuma longa Rz.	9
Dang Gui	Angelica sinensis Rx.	9
Huang Qi	Astragali Rx.	9
Chi Shao	Paeonia rubrae Rx.	9
Fang Feng	Ledebouriellae Rx.	9
Gan Cao	Glycyrrhiza ural. Rx.	9

Wirkungen und Indikationen
Eliminiert Wind-Nässe und lindert schmerzhafte Blockaden.

Funktionskreis Milz, Lunge, Leber
Temperaturverhalten warm
Geschmacksrichtung süß, scharf

Klinische Bemerkung
Gelenkschmerzen, die bei Kälteeinwirkung zunehmen, bei Wärmeeinwirkung abnehmen und möglicherweise noch von Taubheit und Schweregefühl in den Gliedmaßen begleitet werden. Die Zunge zeigt einen dicken, weißen Belag. Zu dem Krankheitsbild zählen Wind-Kälte und Nässe-Bi, d.h. Arthrose, rheumatoide Schmerzen, verspannte Hals- oder Rückenmuskulatur, steife Bewegungen mit kalten Hufen. Dieses Rezept ist wichtig für die relativ frühe Behandlung einer schmerzhaften Blockade. Es kann modifiziert werden, um die Wirkung auf den jeweils dominanten pathogenen Einfluss zu fokussieren.

Kontraindikation Gravidität

Dieses Rezept dient als Startrezept, d.h. nach Besserung der Symptomatik sollte auf ein nährendes Rezept umgestellt werden.

Rezeptur 108 San Bi Tang – Dekokt gegen die Drei Qi-Blockaden

Xu Duan	Dipsaci Rx.	1,5
Du Zhong	Eucommiae Cx.	1,5
Fang Feng	Ledebouriellae Rx.	1,5
Rou Gui	Cinnamomi cassia Cx.	1,5
Xi Xin	Asari cum Radice Hb.	1,5
Ren Shen	Ginseng	1,5
Fu Ling	Poria albae Sclerotium	1,5
Dang Gui	Angelica sinensis Rx.	1,5
Bai Shao Chao	Paeonia albae Rx.	1,5
Huang Qi Chao	Astragali Rx.	1,5
Niu Xi	Achyranthis bidentati Rx.	1,5
Gan Cao Zhi	Glycyrrhiza ural. Rx.	1,5
Qin Jiao	Gentiana qinjiqo Rx.	0,9
Sheng Di Huang	Rehmannia viride Rx.	0,9
Chuan Xiong	Ligustici chuanxiong Rz.	0,9
Du Huo	Angelica pubescens Rx.	0,9

Wirkungen und Indikationen
Eliminiert Wind-Nässe, zerstreut schmerzhafte Blockaden, tonisiert Leere.

Funktionskreis	Leber, Niere, Milz, Lunge
Temperaturverhalten	warm
Geschmacksrichtung	süß, scharf

Klinische Bemerkung
Bei Leber- und Nieren-Leere mit Qi und Blut-Stagnation, einem Zustand, der durch Tremor der Vorder- und Hinterextremitäten gekennzeichnet wird. Die Sehnen und Knochen sind weich und schwach und es kommen auch Schmerzen aufgrund einer Wind-Kälte-Blockade vor. Im Gegensatz zum Hauptrezept Du Huo Ji Shen Tang (Nr. 15) konzentriert sich dieses Rezept darauf, das Qi und das Blut zu nähren, um den Wind zu eliminieren.

Kontraindikation Gravidität

Rezeptur 109 Shao Yao Tang – Paeonia-Dekokt

Bai Shao	Paeonia albae Rx.	30
Dang Gui	Angelica sinensis Rx.	15
Gan Cao	Glycyrrhiza ural. Rx.	6
Mu Xiang	Aucklandiae/ sausssureae Rx.	6
Bing Lang	Areca catechu Sm.	6
Huang Lian	Coptidis Rz.	15
Huang Qin	Scutellaria Rx.	15
Da Huang	Rhei Rx et Rz.	9
Rou Gui	Cinnamomi cassia Cx.	7,5

Wirkungen und Indikationen
Reguliert und harmonisiert das Qi und das Blut, beseitigt Hitze und lindert toxische Wirkung.

Funktionskreis Milz, Herz, Leber
Temperaturverhalten neutral
Geschmacksrichtung bitter

Klinische Bemerkung
Abdominale Schmerzen, Tenesmus, erschwerter Stuhlgang, Durchfall mit Blut und Eiter, ein brennendes Gefühl um den Anus herum, dunkler, spärlicher Urin, ein öliger, leicht gelber Zungenbelag und ein beschleunigter Puls deuten auf Nässe-Hitze im Darm hin. Qi und Blut stagnieren. Es sind Zeichen einer Lebensmittelvergiftung oder eines epidemischen Toxins. Im Anschluss kann noch einige Tage das Mittel Ping Wei San (Rezeptur Nr. 55) gegeben werden.

Kontraindikation Das Rezept sollte weder im Frühstadium dieser Erkrankung, wenn äußere Symptome vorliegen, noch bei chronischen dysenterischen Erkrankungen, die durch Leere-Kälte entstehen, verwendet werden.

REZEPTUR 112 WU PI SAN – PULVER MIT DEN FÜNF RINDEN

Sang Bai Pi	Mori alba Cx.	15
Sheng Jiang Pi	Zingiberis off. Recentis Cx.	6
Fu Ling Pi	Poriae cocos Cx.	15
Chen Pi	Citri reticulatae Peric.	9
Da Fu Pi	Areca catechu Peric.	15

Wirkungen und Indikationen

Löst Nässe auf, vermindert Ödeme, reguliert das Qi und stärkt die Milz.

Funktionskreis Milz
Temperaturverhalten warm
Geschmacksrichtung scharf

Klinische Bemerkung

Generalisierte Ödeme mit Schweregefühl, Schwellung und Fülle im Epigastrium und Abdomen, erschwerte Atmung, Miktionsstörungen, ein weißer, öliger Zungenbelag und ein versteckter, gemäßigter Puls. Das Rezept ist zum Einsatz bei Milz-Leere mit starker Nässe und Qi-Stagnation gedacht.

Kontraindikation Obwohl das Rezept relativ mild ist, sollte man in Fällen mit starker Milz-Leere Arzneien verschreiben, die die Milz tonisieren.

Rezeptur 9 Cang Er Zi San – Xanthium Pulver mit Angelica dahurica

Cang Er Zi	Xanthii Fr.	9
Xin Yi Hua	Magnolia Fl.	6
Bai Zhi	Angelica dahuricae Rx.	9
Bo He	Menthae Hb.	6

Ersatz für Cang Er Zi:

E Bu Shi Cao	Centipedae Hb.	12

Wirkungen und Indikationen
Zerstreut Wind, lindert Schmerzen und befreit die Nase.

Funktionskreis Lunge, Magen, Leber
Temperaturverhalten warm
Geschmacksrichtung scharf, bitter

Klinische Bemerkung
Bei reichlich eitrigem und übelriechendem Nasenausfluss, verstopfter Nase, Schwindelgefühl, frontalen Kopfschmerzen bei normalem oder gelbem Zungenbelag mit einem oberflächlichen, beschleunigten Puls. Einsatzgebiete sind akute oder chronische Sinusitis oder akute, chronische oder allergische Sinusitis. Dieser Zustand heißt im chinesischen »profuses Nasenfließen« und wird durch Wind-Hitze verursacht, die den Kopf angreift. Es tritt meistens nach einer nicht auskurierten Erkältung auf.

Cang Er Zi ist in höheren Dosen leicht giftig. Es kommt zu Übelkeit, weichem Stuhl und Bauchkrämpfen. Weiterhin darf es nicht bei einer Milz-Qi-Leere eingesetzt werden. Aufgrund dessen wurde es ersetzt.

Kontraindikation Gravidität

Rezeptur 11 Chuan Xiong Cha – Pulver mit Ligusticum, das mit grünem Tee einzunehmen ist

Bo He	Menthae Hb.	240
Chuan Xiong	Ligustici chuanxiong Rz.	120
Bai Zhi	Angelica dahuricae Rx.	60
Qiang Huo	Notopterygii Rz. et Rx.	60
Jing Jie	Schizonepetae Hb.	120
Fang Feng	Ledebouriellae Rx.	45
Gan Cao	Glycyrrhiza ural. Rx.	60
Xi Xin	Asari cum Radice Hb.	30

Wirkungen und Indikationen
Zerstreut Wind (-Hitze und -Kälte) und lindert Kopfschmerzen in jeglichem Kopfabschnitt, die durch äußeren Wind entstanden sind.

Funktionskreis Lunge, Leber, Niere und Milz
Temperaturverhalten warm
Geschmacksrichtung scharf, bitter

Klinische Bemerkung
Kopfschmerzen, begleitet von Fieber und Frösteln, Schwindelgefühl, verstopfter Nase. Der Zungenbelag ist dünn und weiß, der Puls oberflächlich. Kopfschmerzen entlang der Achsen. Manche Berichte erwähnen es auch für den Einsatz bei Gehirnerschütterung.

Kontraindikation Gravidität.
Nicht bei herzkranken Patienten verwenden: Xi Xin wirkt auf die Herzreizleitung; kann ß-Blocker ersetzen.

REZEPTUR 20 — GUI ZHI TANG – TRANK MIT ZIMTZWEIGEN

Gui Zhi	Cinnamomi cassia Rm.	9
Bai Shao	Paeonia albae Rx.	9
Sheng Jiang	Zingiberis recens Rz.	6
Da Zao	Zizyphi jujubae Fr.	6
Gan Cao	Glycyrrhiza ural. Rx.	3

Wirkungen und Indikationen
Entlastet pathogene Einflüsse aus der Muskelschicht und reguliert das Nähr- und Abwehr-Qi. Es ist ein optimales Rezept für Zustände, bei denen das Abwehr-Qi (Wei Qi) zu schwach ist, um das Äußere zu bewegen, und das Nähr-Qi (Gu Qi) das Innere nicht stabilisieren und ernähren kann.

Funktionskreis Lunge, Milz, Magen, Herz
Temperaturverhalten warm
Geschmacksrichtung süß, bitter, scharf

Klinische Bemerkung
Fieber, Frösteln, die sich durch Schwitzen nicht bessern. Bei Kopfschmerzen, steifem Nacken, verstopfter Nase oder klarem Ausfluss aus den Nüstern oder der Schnauze, zu wenig Durst, dünnem, weißen Zungenbelag und einem oberflächlichem Puls. Auch einsetzbar post partum. Die Symptome entsprechen einem äußeren Wind-Kälte-Bild, das zu einem äußeren Kälte-Leere-Zustand führt. Das Krankheitsbild entsteht durch Disharmonieren des Nähr- und Abwehr-Qi.

Dieses Rezept setzt man ein bei einem äußeren Kältemuster, das durch Schwitzen charakterisiert ist, also einem Angriff von Wind-Kälte. Es harmonisiert das Verdauungs- und Abwehrsystem des Pferdes. Es hilft auch bei (Kälte-) Ödemen.

Kontraindikation Gravidität

Der Einsatz dieser Kräutermischung ist nur kurzfristig.

Rezeptur 24 Ju Hua Cha Tiao san – Pulver mit Chrysanthemum, das mit grünem Tee einzunehmen ist

Bo He	Menthae Hb.	240
Chuan Xiong	Ligustici chuanxiong Rz.	120
Bai Zhi	Angelica dahuricae Rx.	60
Qiang Huo	Notopterygii Rz. et Rx.	60
Xi Xin	Asari cum Radice Hb.	30
Gan Cao	Glycyrrhiza ural. Rx.	60
Fang Feng	Ledebouriellae Rx.	45
Jing Jie	Schizonepetae Hb.	120
Ju Hua	Chrysanthemum Fl.	120
Jiang Can	Bombyx	45

Wirkungen und Indikationen

Zerstreut Wind und lindert (Kopf-) Schmerzen und Schwindelgefühl, die hauptsächlich aufgrund von Wind-Hitze entstanden sind.

Funktionskreis Lunge, Leber, Milz, Niere

Temperaturverhalten warm

Geschmacksrichtung scharf, bitter

Klinische Bemerkung

Kopfschmerzen in jeglichem Kopfabschnitt, begleitet von Fieber und Frösteln, Schwindelgefühl, verstopfter Nase, einem dünnen, weißen Zungenbelag und einem oberflächlichen Puls. Kopfschmerzkräuter siehe Rezeptur 11.

Kontraindikation Gravidität

Rezeptur 27 — Ma Huang Tang – Ephedrae Trank

Gui Zhi	Cinnamomi cassia Rm.	6
Xing Ren	Armenicacae Sm.	12
Gan Cao	Glycyrrhiza ural. Rx.	3
Ma Huang	Ephedrae Hb.	9

Wirkungen und Indikationen

Entlastet äußere Kälte und stoppt Keuchen; bei Vorliegen von Wind-Kälte.

Funktionskreis Lunge, Herz, Blase
Temperaturverhalten warm
Geschmacksrichtung bitter, scharf

Klinische Bemerkung

Fieber und Frösteln, Schweißlosigkeit, Kopfschmerzen, generalisierter Körperschmerz und Keuchen mit einem dünnen, weißen Zungenbelag und einem oberflächlichen und gespannten Puls. Das Abwehr-Qi wird eingezwängt. Kälte schließt die Poren und das Interstitium und verhindert, dass der Patient schwitzt. Die Stauung außen führt zu einer Einschnürung der Lunge, wodurch rebellierendes Lungen-Qi produziert wird, das sich als Keuchen (akute Bronchitis mit Halsentzündung) manifestiert. Dies ist ein rein äußerer Zustand, und die Zunge ist daher nicht betroffen. Es handelt sich hier um eine Verletzung durch Kälte. Nach Einsetzen des Schwitzens ist das Folgemittel Gui Zhi Tang (Rezeptur 20).

Für ein Individuum mit schwacher Konstitution, das an einer Verletzung durch Kälte leidet, sollte man jedoch gleich die Rezeptur 20 Gui Zhi Tang verwenden, um übermäßiges Schwitzen zu vermeiden, da sonst die Körpersäfte verletzt werden.

Das Hauptziel ist die Stimulation des Schwitzens – sobald das Schwitzen eingesetzt hat, Rezeptur wechseln.

Kontraindikation Gravidität
Cave: wegen Ephedrae Hb. dopingrelevant

Rezeptur 30 San Ju Yin – Trank mit Morus und Chrysanthemum

Sang Ye	Mori alba Fol.	8
Ju Hua	Chrysanthemum Fl.	3
Lian Qiao	Forsythiae Fr.	5
Bo He	Menthae Hb.	2
Jie Geng	Platycodi Rx.	6
Xing Ren	Armenicacae Sm.	6
Lu Gen	Phragmatis Rz.	6
Gan Cao	Glycyrrhiza ural. Rx.	3

Wirkungen und Indikationen
Klärt äußere Wind-Hitze-Einflüsse, Husten stillend durch Förderung des Lungen-Qi-Flusses.

Funktionskreis Lunge, Leber, Magen
Temperaturverhalten kühl
Geschmacksrichtung bitter, scharf

Klinische Bemerkung
Leichtgradiges Fieber, Husten, leichter Durst. Die Zunge hat einen normalen bis dünn-weißlichen Belag, der Puls ist oberflächlich und schnell. Es eignet sich im frühen, oberflächlichen Stadium einer fieberhaften Erkrankung. Husten ist das dominante Symptom. Auch für trockenen, stoßweisen Husten geeignet, der durch äußere Trockenheit verursacht wurde, oder bei leicht tränenden Augen.

Kontraindikation (Gravidität)

Rezeptur 48 — Yu Ping Feng San – Jade-Windschutz-Pulver

Huang Qi	Astragali Rx.	40
Bai Zhu	Atractylodis macroc. Rz.	20
Fang Feng	Ledebouriellae Rx.	40

Wirkungen und Indikationen
Stärkt das Qi, stabilisiert die Körperoberfläche, beendet Schwitzen.

Funktionskreis	Milz, Lunge, Magen
Temperaturverhalten	warm
Geschmacksrichtung	süß

Klinische Bemerkung
Schwaches Abwehr-Qi, Spontanschweiß, Erkältungsanfälligkeit. Die Zunge ist blass mit weißem Zungenbelag, der Puls schwach. Dieses Rezept wird besonders häufig angewendet zur Prophylaxe bei Rhinitis allergica durch Wei-Qi-Mangel oder bei Erkältungsanfälligkeit im Herbst und Winter. Es sollte bereits 4 Wochen vor der Allergie-Belastung gegeben werden. Aufgrund ihrer immunmodulierenden Eigenschaften kann diese Rezeptur auch bei Sommerekzemen eingesetzt werden (ab Mitte/Ende Februar vor Start der Kriebelmücken).

Bei Wind-Kälte-Affektion in den ersten Tagen als Therapeutikum einsetzbar. Nachfolgerezept, wenn aus dem Keuchen ein Husten wird: Yin Qiao San (Rezeptur 46).

REZEPTUR 49 ZHEN REN YANG ZANG TANG – TRANK DES ECHTEN ZUR ERHALTUNG DER FUNKTIONSKREISE

Ren Shen	Ginseng	18
Bai Zhu	Atractylodis macroc. Rz.	18
Rou Gui	Cinnamomi cassia Cx.	24
Rou Dou Kou	Myristica Sm.	15
He Zi	Terminaliae chebulae Fr.	36
Bai Shao	Paeonia albae Rx.	48
Dang Gui	Angelica sinensis Rx.	18
Gan Cao	Glycyrrhiza ural. Rx.	24
Bu Gu Zi	Psoraleae Fr.	12
Mu Xiang	Aucklandiae/ sausssureae Rx.	42

Wirkungen und Indikationen

Wärmt die Mitte, tonisiert die Leere, hält ein Auslaufen aus dem Darm zurück und stoppt Durchfall.

Funktionskreis	Milz, Magen, Dickdarm, Lunge, Herz
Temperaturverhalten	warm
Geschmacksrichtung	süß, bitter

Klinische Bemerkung

Chronische Diarrhoe oder dysenterische Erkrankungen mit ständigem Durchfall, der zur Inkontinenz neigt und, in schwerwiegenden Fällen, zu einem Rektumprolaps. Der Durchfall kann Blut und Eiter enthalten und es können auch Tenesmen auftreten. Begleitsymptome sind leichte, ständige abdominale Schmerzen, die gut auf Wärmeapplikation ansprechen, verminderter Appetit, Schmerzen im unteren Rückenbereich (Nieren-Yang-Mangel), Kraftlosigkeit in den Beinen. Die Zunge ist blass mit weißem Belag, der Puls langsam und dünn.

Diesen Zustand nennt man auch »Verlassenheitssyndrom«, das durch Flüssigkeitsverlust aufgrund von chronischem Durchfall oder Dysenterie verursacht wird. Das Milz-Qi erschöpft sich mit den daraus folgenden Konsequenzen. Behandlungsschwerpunkte sind also die Erwärmung der Mitte und die Tonisierung der Leere.

Kontraindikation Bu Gu Zi wirkt photosensibilisierend, Vorsicht bei Sonnenexposition. Kein Weizen, keine rohe oder kalte Nahrung, kein Fisch und keine fette Nahrung.

Das Rezept wird bei älteren Tieren, tragenden Stuten und Fohlen eingesetzt. Die Wirkung stellt sich sofort ein.

Rezeptur 10 — Chai Hu Shu Gan San – Bupleurum Pulver, das den FK Leber löst

Chai Hu	Bupleuri Rx.	9
Chuan Xiong	Ligustici chuanxiong Rz.	6
Bai Shao	Paeonia albae Rx.	6
Xiang Fu	Cyperi Rz.	6
Chen Pi	Citri reticulatae Peric.	9
Zhi Ke	Citri seu ponciri aurantii Fr.	6
Gan Cao	Glycyrrhiza ural. Rx.	3

Wirkungen und Indikationen
Entlüftet pathogene Einflüsse, löst Einschnürungen auf, verteilt das Leber-Qi und reguliert die Milz.

Funktionskreis Milz, Leber, Magen
Temperaturverhalten neutral
Geschmacksrichtung bitter

Klinische Bemerkung
Diese Mischung gehört zur Gruppe von Rezepten, die das Gleichgewicht zwischen Leber und Milz wieder herstellen. Es ist eine Modifikation des »Kalten Extremitäten-Pulvers« (Si Ni San, Rezeptur 39). Das Rezept verteilt das Leber-Qi, harmonisiert Blut und lindert Schmerzen. Bei Einschnürung und Verklumpung von Leber-Qi mit Schmerzen im Hypochondrium und abwechselndem Fieber und Frösteln. Es wirkt auch bei kalten Beinen, Gastritis und Magen- und Darmgeschwüren; bei Gereiztheit und chronischen Schmerzen im gynäkologischen Bereich (Mastitis, Zysten, Schmerzen bei der Rosse oder Läufigkeit).

Kontraindikation Gravidität

Rezeptur 34 Xiao Yao San – Pulver des verlorenen Lachens

Chai Hu	Bupleuri Rx.	9
Dang Gui	Angelica sinensis Rx.	9
Bai Shao	Paeonia albae Rx.	9
Bai Zhu	Atractylodis macroc. Rz.	9
Fu Ling	Poria albae Sclerotium	9
Gan Cao	Glycyrrhiza ural. Rx.	6

Wirkungen und Indikationen

Verteilt das Leber-Qi, stärkt die Milz und nährt das Blut.

Funktionskreis	Leber, Lunge, Milz, Magen
Temperaturverhalten	neutral-kühl
Geschmacksrichtung	bitter, scharf

Klinische Bemerkung

Schmerzen im Hypochondrium, Kopfschmerz, Schwindel, ein bitterer Mundgeschmack, trockener Rachen und Mund, Müdigkeit, verminderter Appetit. Bei diesem Krankheitsbild wird die Leber eingeschnürt. Die kontrollierende Funktion des Leber-Qi über die Milz ist in Form einer Attacke auf diese gerichtet. Die Milz zeigt neben Blut-Leere klinische Zeichen wie verminderter Appetit und Müdigkeit. Es ist eine Variation der Rezeptur 39 (»Kalte-Extremitäten-Pulver«, Si Ni San). Einzusetzen in Zeiten starken Stresses, es unterstützt Leber und Verdauungssystem sanft und wirkungsvoll sowie den Mittleren Dreifachen Erwärmer.

Rezeptur 34 A — Jia wei Xiao Yao San – Freier und beschwingter Wanderer

Chai Hu	Bupleuri Rx.	9
Dang Gui	Angelica sinensis Rx.	9
Bai Shao	Paeonia albae Rx.	9
Bai Zhu	Atractylodis macroc. Rz.	9
Fu Ling	Poria albae Sclerotium	9
Gan Cao	Glycyrrhiza ural. Rx.	6
Mu Dan Pi	Moutan Radicis Cx.	1,5
Zhi Zi	Gardeniae Jasminoidis Fr.	1,5
Sheng Jiang	Zingiberis recens Rz.	1,5
Bo He	Menthae Hb.	1,5

Wirkungen und Indikationen
Verteilt das Leber-Qi, stärkt die Milz und nährt das Blut.

Funktionskreis Leber, Lunge, Milz, Magen
Temperaturverhalten neutral-kühl
Geschmacksrichtung bitter, scharf

Klinische Bemerkung
Das erweiterte Umherstreife-Pulver (Free and easy wanderer) zeigt das gleiche Einsatzgebiet wie Rezeptur 34. Zusätzlich beseitigt es noch Hitze, die sich in Aufbrausen, Reizbarkeit etc. zeigt. Es ist die Rezeptur für alle Patienten mit aufsteigendem Leber-Yang.

Kontraindikation Gravidität

REZEPTUR 39 SI NI SAN – PULVER DER VIER GEGENLÄUFIGKEITEN/KALTE EXTREMITÄTEN PULVER

Chai Hu	Bupleuri Rx.	6
Zhi Shi	Citri aurantii immaturus Fr.	6
Bai Shao	Paeonia albae Rx.	9
Fu Ling	Poria albae Sclerotium	6

Wirkungen und Indikationen

Entlüftet pathogene Einflüsse, löst Einschnürungen auf, verteilt das Leber-Qi und reguliert die Milz.

Funktionskreis	Milz, Leber, Magen
Temperaturverhalten	kühl
Geschmacksrichtung	bitter, scharf

Klinische Bemerkung

Kalte Finger und Zehen (obwohl der Körper warm ist), die manchmal von Reizbarkeit und Völlegefühl im Thorax und Epigastrium begleitet werden. Die Zunge ist rot mit gelbem Belag, der Puls saitenförmig. Es können auch abdominale Schmerzen und/oder schwerer Durchfall vorkommen. Dieser Zustand ist ein »Kollaps des heißen Typs« oder ein »Yang-Kollaps«, der meist durch Hitze entsteht, die ins Innere eindringt und das Yang-Qi einschnürt. Es kommt nicht mehr in die Extremitäten. Es sind aber nur die Zehenspitzen und Fingerspitzen kalt. Die Zunge reflektiert Zeichen von Hitze. Unter Umständen findet sich dieses klinische Bild bei Futtermittelallergien oder -unverträglichkeiten.

Kontraindikation Gravidität

Man kann dieses Rezept auch für das Krankheitsbild »Leber attackiert den Magen« nehmen.
Ist die Extremität vom Ellenbogen bzw. Kniegelenk abwärts oder auch die ganze Extremität kalt, spricht man vom Yin-Kollaps.
Nicht vertauschen mit Si Ni Tang (Fu Zi – Gan Jiang – Gan Cao)!

Rezeptur 103 Ban Xia Xie Xin Tang – Dekokt zur Zerstreuung der Leibesmitte

Ban Xia	Pinelliae praep. Rz.	9
Gan Jiang	Zingiberis Rz.	9
Huang Qin	Scutellaria Rx.	9
Huang Lian	Coptidis Rz.	3
Ren Shen	Ginseng	9
Da Zao	Zizyphi jujubae Fr.	6
Gan Cao Zhi	Glycyrrhiza ural. Rx.	9

Wirkungen und Indikationen
Harmonisiert den Magen, leitet rebellierendes Qi nach unten, zerstreut Verklumpungen und eliminiert fokussierte Schwellungen.

Funktionskreis Milz, Magen, Lunge
Temperaturverhalten wärmend
Geschmacksrichtung süß, bitter, scharf

Klinische Bemerkung
Eine fokussierte Schwellung entsteht in der Regel durch unangebrachtes Abführen eines äußeren oder halb äußeren, halb inneren Zustandes mit zugrundeliegender Magen-Leere (er liegt aber auch dann vor, wenn Magen und Milz gestört sind). Das Abführen verschlimmert die Magen-Leere und lässt den pathogenen Einfluss in das Innere sinken, wo er eine Verklumpung hervorruft. Eine fokussierte Schwellung zeigt sich in einem Gefühl von Unbehagen, Blockiertheit und Schwellung, Appetitminderung. Dieser Kälte-Hitze-Komplex im Mittleren Dreifachen Erwärmer ist ein Zustand mit gleichzeitig auftretender Leere und Fülle, der durch Verklumpung verursacht wird. Die Zunge zeigt sich gelb und schmierig. Es kann gegeben werden bei häufigem Erbrechen, Stress, Futterwechsel und unverträglichen Medikamenten.

Kontraindikation Gravidität

REZEPTUR 12 DIE DA WAN – VERLETZUNGSPILLE/TRAUMAPILLE

Dang Gui	Angelica sinensis Rx.	30
Chuan Xiong	Ligustici chuanxiong Rz.	30
Ru Xiang	Olibanum Resina	60
Mo Yao	Myrrhae Resina	30
Xue jie	Sanguis draconis	30
Tu Bie Chong	Eupolyphaga	30
Ma Huang	Ephedrae Hb.	30
Zi Ran Tong	Pyritum	30

Wirkungen und Indikationen
Belebt das Blut, transformiert Blut-Stase, harmonisiert das Nähr-Qi, vermindert Schwellungen und lindert Schmerzen.

Funktionskreis Leber, Milz, Herz, Lunge
Temperaturverhalten neutral
Geschmacksrichtung scharf, bitter

Klinische Bemerkung
Eine Blut-Stase nach einer traumatischen Verletzung oder Verstauchung behindert den Qi- und Blut-Fluss in der traumatisierten Körperregion. Dadurch werden der Bluterguss, die Schwellung und die Schmerzen verursacht.

Kontraindikation Gravidität
Cave: wegen Ephedrae Hb. dopingrelevant

Rezeptur 21 — Huo Luo Xiao Ling Sang – Wirksame Pille zum Durchgängigmachen der Netzleitbahnen

Dang Gui	Angelica sinensis Rx.	15
Dan Shen	Salvia miltiorrhiza Rx.	15
Ru Xiang	Olibanum Resina	15
Mo Yao	Myrrhae Resina	15

Wirkungen und Indikationen
Belebt das Blut, zerstreut Blut-Stasen, löst Blockaden in den Kollateralen auf und lindert Schmerz.

Funktionskreis Herz, Leber
Temperaturverhalten neutral
Geschmacksrichtung bitter, scharf

Klinische Bemerkung
Schmerzen an verschiedenen Körperstellen entlang des Rückens, im Bewegungsapparat und im Bauchraum. Blutergüsse und Schwellungen aufgrund traumatischer Verletzungen, rheumatische Schmerzen, fixierte abdominale Massen, innere und äußere Geschwürbildung. Zunge: dunkel oder mit Stase-Flecken und ein saitenförmiger Puls. Diese Zustände werden durch Qi- und Blut-Stase verursacht, die die Kollateralen oder Meridiane blockieren.

Kontraindikation Gravidität

Dieses Rezept sollte in dieser Zusammensetzung aufgrund seiner stark blutbewegenden Mischung nicht länger als 10 Tage eingesetzt werden.

REZEPTUR 32 SHEN TONG ZHU YU TANG – DEKOKT, DAS BLUT-STASEN AUS EINEM SCHMERZHAFTEN KÖRPER AUSTREIBT

Qin Jiao	Gentiana qinjiqo Rx.	3
Qiang Huo	Notopterygii Rz. et Rx.	3
Dang Gui	Angelica sinensis rx.	9
Chuan Xiong	Ligustici chuanxiong Rz.	6
Tao Ren	Persicae Sm.	9
Hong Hua	Carthami Fl.	9
Mo Yao	Myrrhae Resina	6
Wu Ling Zhi	Trogopterorum Faeces	6
Xiang Fu	Cyperi Rz.	3
Di Long	Lumbricus	6
Gan Cao	Glycyrrhiza ural. Rx.	6
Chuan Niu Xi	Achyranthis bidentati Rx.	9

Wirkungen und Indikationen
Belebt das Blut, eliminiert Blut-Stase, verteilt Leber-Qi und löst Blockaden in den Meridianen auf.

Funktionskreis Leber, Herz, Milz
Temperaturverhalten neutral-warm
Geschmacksrichtung bitter, süß

Klinische Bemerkung
Belebt das Blut, fördert den Qi-Fluss, zerstreut Blut-Stasen, löst Blockaden und lindert Schmerzen. Bei einer schmerzhaften Blockade aufgrund einer Blockade des Qi und des Blutes in den Meridianen und Kollateralmeridianen mit Symptomen wie Schmerzen in den Schultern, Vorder- und Hintergliedmaßen und im unteren Rückenbereich oder andere chronische Körperschmerzen, die sich durch Bewegung nur leicht verbessern. Es ist ein gutes Rehemittel, da es die Blutstase in den Endkapillaren der Hufe erreicht.

Kontraindikation Gravidität

Nicht länger als eine Woche bis 10 Tage verabreichen wegen der Blutstase-Kräuter.

Rezeptur 35 — Shou Nian San – Pulver gegen kneifende Schmerzen

Yan Hu Suo	Corydalis Rz.	2
Wu Ling Zhi	Trogopterorum Faeces	2
Cao Guo	Amomi caguo Fr.	2
Mo Yao	Myrrhae Resina	2

Wirkungen und Indikationen
Belebt das Blut, eliminiert Blut-Stasen, fördert den Qi Fluß und lindert Schmerzen.

Funktionskreis Leber, Milz, Herz
Temperaturverhalten warm
Geschmacksrichtung scharf, bitter

Klinische Bemerkung
Bei epigastrischen und abdominalen Schmerzen aufgrund von Qi-Stagnation und Blut-Stase mit Kälte. Das Rezept kann Schmerzen noch besser lindern als das Hauptrezept 34 (Shi Xiao San = Pulver des verlorenen Lachens).

Kontraindikation Gravidität

Rezeptur 43 Wen Jing Tang – Trank zur Erwärmung der Menstruation

Wu Zhu Yu	Evodia Fr.	9
Gui Zhi	Cinnamomi cassia Rm.	6
Dang Gui	Angelica sinensis Rx.	9
Chuan Xiong	Ligustici chuanxiong Rz.	6
Bai Shao	Paeonia albae Rx.	6
E Jiao	Asini corii gelatinum	6
Mai Men Dong	Ophiopogonis Tb.	9
Mu Dan Pi	Moutan Cx.	6
Ren Shen	Ginseng	6
Gan Cao	Glycyrrhiza ural. Rx.	6
Sheng Jiang	Zingiberis recens Rz.	6
Ban Xia	Pinelliae praep. Rz.	6

Wirkungen und Indikationen
Wärmt die Rosse und Läufigkeit, eliminiert Kälte, nährt das Blut und eliminiert Blut-Stase, bei Leere und Kälte des Ren- und Chong-Mai.

Funktionskreis Lunge, Leber, Milz, Herz, Magen, Niere
Temperaturverhalten neutral - warm
Geschmacksrichtung süß, bitter

Klinische Bemerkung
Unregelmäßige Rosse, verlängerte oder Dauerrosse, Zwischenrossen, Nicht-Aufnehmen bei Stuten, Schmerzen, Spannungsgefühl und Kälte im unteren Abdomen, Unfruchtbarkeit aufgrund von Kälte und Trockenheit im Uterus, trockene Lippen, trockenes Maul, niedriges Fieber in der Abenddämmerung.

Blut-Mangel entzieht dem Körper Feuchtigkeit und die Blut-Stase behindert die Verteilung der Körpersäfte im Körper. Zusammen wärmen die Arzneien die Blutgefäße und lösen Blockaden in ihnen auf, indem sie Kälte eliminieren und das Qi und das Blut tonisieren und nähren. Dadurch stabilisieren sie die Wurzel der Erkrankung und eliminieren Blut-Stase auf gemäßigte Weise. So kann neues Blut produziert werden.

Kontraindikation Gravidität.
In Fällen mit abdominalen Massen, die durch Blut-Stase aufgrund von Fülle verursacht werden, kontraindiziert.

REZEPTUR 16 — DU SHEN TANG – EINZIG AUS GINSENG HERGESTELLTER TRANK

Ren Shen	Ginseng	30
Da Zao	Zizyphi jujubae Fr.	6

Wirkungen und Indikationen
Tonisiert das Quellen-Qi und stabilisiert bei einem Kollaps.

Funktionskreis	Milz, Lunge, Magen, Herz
Temperaturverhalten	warm
Geschmacksrichtung	süß

Klinische Bemerkung
Es ist für akuten, starken Blutverlust oder Herzversagen gedacht. Man nennt diesen Zustand »Qi-Kollaps, der dem Blutverlust folgt«.

REZEPTUR 26 LONG DAN XIE GAN – GENTIANA TRANK ZUR ZERSTREUUNG DES FUNKTIONSKREISES LEBER

Long Dan Cao	Gentiana scarbrae Rx.	9
Huang Qin	Scutellaria Rx.	9
Zhi Zi	Gardeniae jasminoides Fr.	9
Bai Mu Tong	Akebia Caulis	6
Che Qian Zi	Plantaginis Sm.	9
Ze Xie	Alismatis Rz.	6
Chai Hu	Bupleuri Rx.	6
Sheng Di Huang	Rehmannia viride Rx.	9
Dang Gui	Angelica sinensis Rx.	9
Gan Cao	Glycyrrhiza ural. Rx.	6

Wirkungen und Indikationen
Lässt Feuer Fülle aus der Leber und der Gallenblase abfließen, lässt Nässe-Hitze aus dem Unteren Dreifachen Erwärmer abfließen und beseitigt Nässe-Hitze. Bei Fülle-Hitze im Leber- und/oder Gallenblasenmeridian.

Funktionskreis Leber, Gallenblase, Herz, Lunge, Magen
Temperaturverhalten kalt
Geschmacksrichtung süß, bitter

Klinische Bemerkung
Schmerzen im Hypochondrium, Kopfschmerzen, rote und entzündete Augen (heiße Tränen), Ertaubung, Schwellungen in den Ohren, akute Otitis, Reizbarkeit, Aufbrausen. Der Puls ist kraftvoll und beschleunigt, die Zunge ist rot und weist einen gelben Belag auf. Schmerzhafte Miktion, geschwollene und juckende Genitalien, übelriechender Ausfluss sind weitere Zeichen.

Es gibt drei Kriterien für die Diagnose von Hitze im Leber-Meridian:
1.) ein saitenförmiger Puls
2.) eine rote Zunge oder rote Punkte entlang der Zungenunterseite
3.) dunkler Urin oder Miktionsbeschwerden

Kontraindikation Gravidität.
Falls Durchfall auftritt, Dosis halbieren.

Die Arzneien in diesem Rezept kühlen Hitze, ohne Stasen zu verursachen, werfen pathogenes Qi hinaus und lassen es absteigen, ohne dabei das normale Qi zu verletzen. Kann bis zu einer Woche gegeben werden.

Rezeptur 44 — Wu Wei Xiao Du Yin – Desinfizierender Trank der fünf Geschmacksrichtungen

Jin Yin Hua	Lonicera Fl.	9
Pu Gong Ying	Taraxacum mongol. Hb.cum Rx.	3,6
Zi Hua Di Ding	Violae yedoyensis Hb., Rx.	3,6
Ju Hua	Chrysanthemum Fl.	3,6
Mu Dan Pi	Moutan Cx.	3,6

Wirkungen und Indikationen
Beseitigt Hitze, lindert toxische Wirkungen, kühlt das Blut und reduziert Schwellungen.

Funktionskreis Leber, Herz, Magen
Temperaturverhalten kühl
Geschmacksrichtung bitter, scharf

Klinische Bemerkung
Alle Arten von Beulen und Karbunkel mit lokalen Erythemen, Schwellungen, Hitze und Schmerzen, die von Fieber, Frösteln, einer roten Zunge mit gelbem Belag und einem beschleunigten Puls begleitet werden. Das Rezept wirkt besonders gut bei tiefen und verhärteten Läsionen, von denen man sagt, dass sie Nägeln oder Kastanien gleichen. Dieses Rezept dient als Grundlage für viele Rezepte, die zur Behandlung lokaler, oberflächlicher und eitriger Infektionen verwendet werden.

Kontraindikation Gravidität.
Es ist bei Beulen mit Yin-Charakter kontraindiziert.
Bei Milz-Leere nicht anwenden.

Rezeptur 113   Zuo Jin Wan – Linksdrehende auf Metall wirkende Pille

Wu Zhu Yu	Evodia Fr.	30
Huang Lian	Coptidis Rz.	180

Wirkungen und Indikationen
Beseitigt Leber-Hitze, leitet rebellierendes Qi nach unten und stoppt Erbrechen.

Funktionskreis Magen
Temperaturverhalten kühl
Geschmacksrichtung bitter

Klinische Bemerkung
Schmerzen im Hypochondrium, unbestimmter, nagender Hunger, Blähungen im Epigastrium, Erbrechen, saure Regurgitation, Aufstoßen, trockenes Maul, rote Zunge mit gelbem Belag und ein saitenförmiger, beschleunigter Puls. Dieses Bild beschreibt Hitze im Lebermeridian, die Disharmonie zwischen Leber und Magen verursacht. Der Mechanismus dieser Rezeptur lautet: »Alles, was rebelliert und nach oben jagt, wird mit Feuer assoziiert; Erbrechen und saure Regurgitation werden mit Hitze assoziiert.« Die Therapie besteht darin, das Fülle-Kind abzuleiten: Das Herz-Feuer lässt man abfließen, damit die Leber-Mutter wieder ihre Dienste verrichten kann. Das Rezept kann auch für Hernien verwendet werden.

Kontraindikation Gravidität.
Das Rezept ist in Fällen mit saurer Regurgitation, die durch von Leere verursachter Magen-Kälte entstanden sind, kontraindiziert.

Rezeptur 31   Sha Shen Mai Men Dong Tang – Adenophora und Ophiopogonis Trank

Sha Shen	Glehnia Rx.	9
Mai Men Dong	Ophiopogonis Tb.	9
Yu Zhu	Polygonati odorati. Rz.	6
Sang Ye	Mori alba Fo.	4,4
Tian Hua Fen	Trichosanthis Rx.	4,5
Bian Dou	Dolichoris lablab Sm.	4,5
Gan Cao	Glycyrrhiza ural. Rx.	3

Wirkungen und Indikationen
Klärt und nährt die Lunge und den Magen, erzeugt Körpersäfte und befeuchtet Trockenheit.

Funktionskreis Lunge, Magen, Milz
Temperaturverhalten kühl
Geschmacksrichtung süß, bitter

Klinische Bemerkung
Bei Schädigung der Lunge, des Magens und der Körpersäfte durch Trockenheit, die durch einen trockenen Rachen, Durst, einen bellenden Husten mit wenig Sputum (Zwingerhusten) und eine rote Zunge mit wenig Belag gekennzeichnet sind. Es ist abgeleitet von Qing Zao Jiu Fei Tang (Dekokt, das Trockenheit eliminiert und die Lunge rettet) und behandelt relativ milde Zustände, bei denen nur das Yin und die Körpersäfte, nicht aber das Qi, geschädigt wurde. Es wirkt schleimlösend.

Kontraindikation Gravidität

Bei Husten: Keine scharfen, aromatischen Arzneien verwenden, da sie das Lungen-Qi verletzen. Bittere, kalte Arzneien sind auch nicht angebracht, weil sie das Yin und die Körpersäfte auslaugen können.

Rezeptur 102 Bai He Gu Jin Tang – Dekokt zur Festigung des Metalls

Bai He	Lilii Bb.	3
Sheng Di Huang	Rehmannia viride Rx.	6
Shu Di Huang	Rehmannia Rx. Praep.	9
Mai Men Dong	Ophiopogonis Tb.	4,5
Xuan Shen	Scrophularia Rx.	2,4
Chuan Bei Mu	Fritillaria chirrhosae Bb.	3
Jie Geng	Platycodi Rx.	2,4
Dang Gui	Angelica sinensis Rx.	3
Bai Shao	Paeonia albae Rx.	3
Gan Cao	Glycyrrhiza ural. Rx.	3

Wirkungen und Indikationen
Nährt das Yin, befeuchtet die Lunge, transformiert Schleim und stoppt Husten, indem das Qi abgesenkt wird.

Funktionskreis	Lunge, Herz
Temperaturverhalten	kühl – neutral
Geschmacksrichtung	süss, bitter

Klinische Bemerkung
Husten ohne Schleim oder mit blutdurchsetztem Sputum, Keuchen, ein trockener und entzündeter Rachen, Nachtschweiß, eine rote Zunge mit wenig Belag und ein dünner, beschleunigter Puls ergeben das Krankheitsbild einer inneren Trockenheit der Lunge aufgrund von Lungen- und Nieren-Yin-Mangel erzeugter innerer Hitze. Sie steigt auf und verursacht einen trockenen, entzündeten Rachen. Durch Leere verursachte Hitze bedampft das Organ Lunge, beeinträchtigt die Regulation des Lungen-Qi und erzeugt dadurch Husten und Keuchen. Sie versengt auch die Kollateralmeridiane der Lunge und führt somit zu blutdurchsetztem Sputum.

Kontraindikation Die meisten Arzneien in diesem Rezept haben eine süße, kalte und übersättigende Natur. Vorsicht deshalb bei Milz-Leere oder Nahrungsstagnation, ggf. modifizieren. Bei Nichtbeachten können Durchfall und Verdauungsstörungen auftreten.

Rezeptur 38 — Si Wu Xiao Feng San – Vier Arzneien Dekokt, das Wind eliminiert

Sheng Di Huang	Rehmannia viride Rx.	9
Dang Gui	Angelica sinensis Rx.	6
Jing Jie	Schizonepetae Hb.	4,5
Fang Feng	Ledebouriellae Rx.	4,5
Chi Shao	Paeonia rubrae Rx.	3
Chuan Xiong	Ligustici chuanxiong Rz.	3
Bai Xian Pi	Dictamni radicis Cx.	3
Chan Tui	Cicadae Perostracum	3
Bo He	Menthae Hb.	3
Du Huo	Angelica pubescens Rx.	2,5
Chai Hu	Bupleuri Rx.	2,5
Da Zao	Zizyphi jujubae Fr.	3

Wirkungen und Indikationen
Zerstreut Wind, nährt das Blut, kühlt Hitze.

Funktionskreis Leber, Lunge, Milz, Niere
Temperaturverhalten kühl
Geschmacksrichtung scharf, bitter

Klinische Bemerkung
Bei Ausschlägen wie Urtikaria, trockener und rissiger, verdickter Elefantenhaut aufgrund von Wind als Folge eines Blut-Mangels. Weiterhin hilfreich bei nässenden Ekzemen und Juckreiz. Es ist auch zur äußerlichen Anwendung gedacht.

Kontraindikation Gravidität.
Da die Rezeptur zerstreuend wirkt, sollte sie nicht bei starkem Qi- oder Blut-Mangel gegeben werden.

REZEPTUR 45 — XIAO FENG SAN – WIND ZERSTREUENDES PULVER

Jing Jie	Schizonepetae Hb.	6
Fang Feng	Ledebouriellae Rx.	6
Niu Bang Zi	Arctii Lappae (bardanae) Fr.	6
Chan Tui	Cicadae Perostracum	6
Cang Zhu	Atractylodis lanceae Rz.	6
Ku Shen	Sophoriae flavescentis Rx.	6
Bai Mu Tong	Akebia Cl.	3
Shi Gao	Gypsum fibrosum	6
Zhi Mu	Anemarrhena Rz.	6
Sheng Di Huang	Rehmannia viride Rx.	6
Dang Gui	Angelica sinensis Rx.	6
Hei Zhi Ma	Sesami indici Sm.	6
Gan Cao	Glycyrrhiza ural. Rx.	3

Wirkungen und Indikationen

Zerstreut Wind, löst Feuchtigkeit, kühlt das Blut, bei Wind-Hitze und Wind-Feuchtigkeit.

Funktionskreis Lunge, Leber, Milz, Magen
Temperaturverhalten kalt
Geschmacksrichtung süß, bitter

Klinische Bemerkung

Makulopapulöses Exanthem, Hautjuckreiz, bei dem es durch Kratzen zu Plasmaaustritt kommt (Sommerekzem). Der Puls ist oberflächlich, schnell und voll, der Zungenbelag weiß oder gelb. Häufig wird dieses Rezept bei Ekzemen und Urtikaria angewendet. Das abgekühlte Dekokt wird oft extern appliziert, z.B. bei Sonnenbrand und Pilzbefall. Am besten orale und lokale Anwendung.

Kontraindikation Gravidität.
Da die Rezeptur zerstreuend wirkt, sollte sie nicht bei starkem Qi- oder Blut-Mangel gegeben werden.

»Um den Wind zu behandeln, behandle das Blut, und der Wind wird sich auf natürliche Weise legen«.

Rezeptur 46 — Yin Qiao San – Pulver mit Lonicera und Forsythia

Jin Yin Hua	Lonicera Fl.	15
Lian Qiao	Forsythiae Fr.	15
Jie Geng	Platycodi Rx.	6
Niu Bang Zi	Arctii Lappae (bardanae) Fr.	9
Bo He	Menthae Hb.	6
Dan Dou Chi	Soja praep. Sm.	6
Jing Jie	Schizonepetae Hb.	6
Dan Zhu Ye	Lophatheri Hb.	6
Lu Gen	Phragmatis Rz.	15
Gan Cao	Glycyrrhiza ural. Rx.	6

Wirkungen und Indikationen
Befreit die Oberfläche, beseitigt Wind-Hitze, leitet Toxine aus.

Funktionskreis Lunge, Magen
Temperaturverhalten kühl
Geschmacksrichtung süß, bitter

Klinische Bemerkung
Fieber, fehlender oder nur leichter Schüttelfrost, Husten, Kopfschmerzen, Durst, Halsschmerzen. Diese Rezeptur behandelt einen pathogenen Faktor, der in die oberste Schicht, die Wei-Schicht, eingedrungen ist. Es behandelt die Beschwerden des oberen Dreifachen Erwärmers, ohne den mittleren zu verletzen. Es handelt sich bei dieser Rezeptur um das Nachfolgerezept von Yu Ping Feng San (Rezeptur 48) und wird gegeben, wenn der pathogene Faktor bereits ins Innere (die Lunge) eingedrungen ist. Es heilt Beschwerden im Hals- und Lungenbereich.

In einer Modifikation ist es für die Behandlung eines pathogenen Restfaktors einsetzbar, der auf der Yangming-Ebene (Di und Ma) ungenügend ausgeleitet oder verschleppt worden ist.

Kontraindikation Gravidität.
Kalte Arzneien funktionieren nur bei aufgefülltem Nieren-Yang! Die Wirksamkeit lässt im Laufe des Lebens nach.

REZEPTUR 50 ZHI SOU SAN – HUSTENSTILLENDES PULVER

Zi Wan	Asteris Rx.	9
Bai Bu	Stemoniae Rx.	9
Bai Qian	Cynanchii Rx.	9
Jie Geng	Platycodi Rx.	9
Chen Pi	Citri reticulatae Peric.	6
Jing Jie	Schizonepetae Hb.	9
Gan Cao	Glycyrrhiza ural. Rx.	3

Wirkungen und Indikationen

Lindert Husten, löst Schleim, befreit die Körperoberfläche, fördert die Verteilung des Qi.

Funktionskreis	Lunge
Temperaturverhalten	warm
Geschmacksrichtung	bitter, süß

Klinische Bemerkung

Wind-Kälte-Invasion in der Lunge mit folgendem Reizhusten, kratzendem Hals, eventuell Fieber und Schüttelfrost (aber Verlangen, etwas Warmes zu trinken). Es tritt häufig als Folgeerscheinung einer äußeren Erkrankung auf, die zwar behandelt wurde, aber bei der der Husten stehenbleibt. Der pathogene Faktor ist unzureichend ausgeleitet. Der Zungenbelag ist dünn und weiß, der Puls oberflächlich und schlüpfrig. Dieses Rezept ist sehr wirksam gegen chronischen Husten nach Erkältungen, va. durch Wind-Kälte.

Nachwort

Ich danke meinem Mann Swen von Herzen für die Unterstützung in jeglichen Situationen – er verliert nie den Kopf. Ich danke meinen Kindern, Janus und Tim, dass sie Verständnis für den zeitlichen Aufwand hatten. Ganz herzlich möchte ich mich bei Familie Ehlert bedanken: Steffen für das Coachen und – zusammen mit seiner Frau Nicole – für das unermüdliche Ausbrüten von Ideen. Danke, Nicole, auch für die sprachlichen Korrekturen. Und großen Dank an die Grafikerin Ulrike Heinichen, die mit guten Nerven das Kompendium in die jetzt vorliegende Form gebracht hat.

Danke an Herrn Dr. Neeb, der freundlicherweise Auszüge aus seinen Grundkursskripten für den ersten Teil dieses Kompendiums zur Verfügung gestellt hat.

Börm, im Mai 2011

Demnächst in dieser Kompendien-Reihe:
Meridiantafeln für Hund und Pferd
TCVM Kompaktwissen
Zungendiagnostik beim Hund

Rezepte – Übersicht

Rezepte – Übersicht

Literaturverzeichnis

TCM – Traditionelle Chinesische Medizin für Pferde, Ute Ochsenbauer & Dr. Susanne Hauswirth, Kosmos Verlag, ISBN 978-440-11371-4
TCM – Traditionelle Chinesische Medizin für Hunde, Ute Ochsenbauer & Dr. Susanne Hauswirth, Kosmos Verlag, ISBN 978-344-012127-6
Das TCM-Rezeptierbuch, Florian Ploberger, Urban & Fischer, ISBN 978-3-437-57840-3
Westliche und traditionell chinesische Heilkräuter, Florian Ploberger, Urban & Fischer, ISBN 3-437-57520-1
Leitfaden Chinesische Medizin, Focks & Hillenbrand, Urban & Fischer, ISBN 3-437-56481-1
Leitfaden Chinesische Phytotherapie, Hempen & Fischer, Urban & Fischer, ISBN 978-3-437-55991-4
Chinese Veterinary herbal handbook, Huisheng Xie, Chi Institute of Chinese Medicine, www.tcvm.com
Chinesische Arzneimittelrezepte und Behandlungsstrategien, Bensky & Barolet, Verlag für ganzheitliche Medizin, Wühr GmbH, ISBN 3-927344-09-5
Theoretical Foundations of Chinese Medicine: Systems of Correspondance, Manfred Porkert, 1978
Klassische Chinesische Pharmakologie, Manfred Porkert, Heidelberg 1978
Skripten aus den Vorlesungen von Dr. Gunter Neeb

Impressum/Bestelladressen

Impressum

ISBN 978-3-943116-00-4
Verlag Phoenix & Drache, Busdorf

Lektorat: Nicole Ehlert
Fotos: istockphoto.com, panthermedia.net
Layout: Ulrike Heinichen, Kiel
Druck: L&S Digital GmbH & Co. KG, Kiel
Printed in Germany 2011

Verlag Phoenix & Drache
Fachverlag für Tiernaturheilkunde
Thorshammer 11
24866 Busdorf
Tel. +49 (0) 4621 85 55 559
info@susannehauswirth.de
www.susannehauswirth.de

Bestelladressen

www.susannehauswirth.de
TCM-Apotheken

Die Autorin und der Verlag schließen jede Haftung durch fehlerhafte Behandlung aus.

62 Seiten, farbig, Spiralbindung
ISBN 978-3-943116-02-1, €28,90

62 Seiten, farbig, Spiralbindung
ISBN 978-3-943116-01-4, €28,90

Zusätzlich erhältlich

- unsere Fertigrezepturen als hydrophiles Konzentrat oder Granulat – bestellbar im Therapeutenbereich unter www.susannehauswirth.de
- unsere Nahrungsergänzer in der praktischen Pillenform – bestellbar für Endkunden unter www.susannehauswirth.de
- den Testkasten zu unseren Kräuterrezepturen – zur kinesiologischen Austestung

Auf unserer Internetseite finden Sie im Shopbereich neben Kräutern, Pflegeprodukten, Praxiszubehör auch weitere Bücher aus unserem Verlag sowie einen Terminkalender für Präsenzseminare und eine große Auswahl an Onlineseminare zum Thema ganzheitliche Tiermedizin.

Notizen